水运工程监理培训
统编教材

（第二版）

进度控制

交通部基本建设质量监督总站 审定

● 刘 敏 主编

人民交通出版社

内 容 提 要

本书以网络计划技术为理论基础，结合监理工程师培训的特点，介绍了水运工程项目施工阶段进度控制的基本内容、方法和手段。其内容既介绍了国际、国内的一些先进的管理方法和理论，同时也有符合工程实际需要的国内惯用的进度管理的理论、方法、手段和工具。

本书为水运工程监理培训教材，也是水运工程监理工程师资格考试的主要参考书之一。本书还可供水利、土木类大专院校师生和相关专业的工程技术人员、管理人员学习参考。

图书在版编目（CIP）数据

进度控制 / 刘敏主编. --北京：人民交通出版社，2002.11

ISBN 7－114－04504－2

I. 进… II.①刘… III. 航道工程－施工进度计划－施工管理 IV.U615.1

中国版本图书馆CIP数据核字 (2002) 第090627号

水运工程监理培训统编教材

进 度 控 制

（第二版）

刘 敏 主编

交通部基本建设质量监督总站 审定

正文设计:王静红 责任校对:张 莹 责任印制:张 恺

人民交通出版社出版发行

（100011 北京市朝阳区安定门外外馆斜街 3 号）

各地新华书店经销

北京密东印刷有限公司印刷

开本：787×1092 1/16 印张：8.75 字数：206 千

2003 年 1 月 第 2 版

2012 年 3 月 第 2 版 第 5 次印刷

印数：9001－11000 册 定价（共 5 册）：85.00 元

ISBN 7-114- 04504-2

《水运工程监理培训统编教材》第二版编审委员会

再版说明（代序）

交通行业推行的工程监理制在国内建设领域中起步早、起点高、发展快，现已纳入了交通基本建设程序。一个统一开放、竞争有序的交通建设监理市场已逐步形成，为工程监理制度在我国建设领域中扎根、孕育、发展、成熟奠定了基础，做出了重要贡献。工程监理制作为国家在建设领域中实行“四个制度”（项目法人责任制、招标投标制、工程监理制、合同管理制）不可或缺的重要一环，是建设体制改革的重要内容，国务院《建设工程质量管理条例》对工程监理的定位作了明确规定，工程监理任重而道远。截止到2002年10月底，全国已有70万余人接受了交通行业公路、水运工程监理业务知识上岗培训；2万余人取得了交通部颁发的公路、水运工程监理或专业监理工程师资格证书；300余家单位取得了甲乙级公路、水运工程监理单位资质，监理队伍已具有一定的规模。交通系统大中型交通建设项目和重点的小型建设项目均已全面实行了监理单位招标投标制，择优选择监理队伍，监理工程师按照监理技术规范的要求，认真履行监理职能。监理制度的推行有力地促进了交通基础设施建设项目工程质量和管理水平的大幅提升。

一支高素质的监理队伍，是搞好监理工作的前提，多年来交通部一贯注重监理从业人员素质的培养，建立了有关监理人员上岗培训制度，通过各种形式的培训，大力普及监理知识，更新专业技术知识，交流监理工作，以适应交通监理市场对人员素质的要求。1992年6月，交通部在长沙交通学院开办了第一期水运工程监理业务培训班，为适应培训工作的需要，交通部质监总站组织编写了第一版《水运工程监理业务培训统编教材》，并于1995年元月正式出版发行。几年来，该套教材为推动水运工程监理业务培训工作、普及监理基础知识发挥了重要作用。

随着水运工程建设的快速发展，技术标准的提高，水运工程建设新技术、新工艺和新材料不断涌现，社会对水运工程的建设质量要求越来越高，对监理人员的综合素质也提出了更高要求，原有的监理培训教材内容已不能完全适应监理知识更新的需要。为此，交通部质监总站决定对原培训教材进行全面修订，于1999年7月起组织大连理工大学、长沙交通学院、东南大学等三所高等院校对水运工程监理培训统编教材修订工作进行研讨、论证，制定了修订计划和修订提纲，并由上述三所院校中参与培训工作的骨干教师执笔进行新教材的编写工作。修订后的新教材经专家函审、编者修改、统稿人统稿，几易其稿，先后历时两年多终于完成了教材的修订出版工作。

修订后的水运工程监理培训统编教材（下简称“第二版教材”）总体框架、章节设置更为合理，体现简明、实用的原则；教材总结了十多年来推行监理制度的经验，注重理论与实践的结合，增强了对国家强制性技术标准的宣贯力度，具有较强的可操作性，其内容更具时代特点；第二版教材不仅是水运工程施工监理人员上岗前的必读教材，也是即将推行的"全国交通行业监理工程师资格统一考试"的主要参考书籍，同时还可作为大专院校和水运工程建设者工作、学习的参考资料。

第二版教材共分六册，分别为《监理概论》、《质量控制》、《进度控制》、《费用控制》、《合同管理》和《建设管理文件汇编》，全套教材由杨振寰先生负责统稿，交通部基本建设质量监督总站审定。

尽管第二版教材的修订时间较长，书中仍难免还有不足之处，恳请广大读者提出宝贵意见，以供今后修改补充。该套教材在修订过程中得到了上述三家院校、人民交通出版社和中交四航院杨振寰先生的大力支持，值此谨致以深切谢意。

交通部基本建设质量监督总站

二〇〇二年十一月

前　言

本书以网络计划技术为理论基础，结合监理工程师培训的特点，主要介绍了水运工程项目施工阶段进度控制的基本内容、方法和手段。内容上既有国际、国内的一些先进的管理方法和理论，同时也有国内惯用的进度管理的理论、方法、手段和工具，尽量符合工程实际需要，叙述方面也力求深入浅出。

本书作为交通部水运工程监理培训统编教材之一，主要根据2000年1月北京会议讨论通过的教学大纲，在原统编教材基础上编写的。全书由刘敏主编，许立山主审。编写过程中交通部基本建设质量监督总站黄勇、陈萍、大连理工大学刘志杰、中港第四航务工程设计院杨振寰等专家提出了很多宝贵意见，谨致以深切谢意。

全书共分六章，包括三大部分内容。第一章为第一部分内容，主要介绍工程进度控制的基本概念及施工组织的理论等相关知识；第二部分内容包括第二、三、四章，是全书的理论基础，主要介绍了双代号、单代号网络计划的编制和计算方法，简要介绍了网络计划的优化和水运、土木施工管理中常用的几种专门网络计划方法；第三部分内容包括第五、六章，以网络计划为理论基础，介绍水运工程施工监理实际工作中，进度控制的内容、方法和手段。

本书既可作为水运工程监理培训教材，也是水运工程监理工程师资格考试的主要参考资料之一，同时也可供水利、土木类大专院校学生学习参考，还可作为从事水利、土木工程的建设、监理、设计、施工等单位的工程技术人员和管理人员的学习参考用书。

由于编者水平所限，书中缺点错误在所难免，恳请广大读者批评指正。

编　者

2002年9月

目　录

第一章　工程进度控制概述

[自学提要]　本章重点掌握网络计划的基本原理和监理工程师进度控制的主要任务;掌握施工组织的基本方法和监理工程师审批承包人施工组织设计的主要内容;了解进度控制的方法、措施和网络计划的分类。通过分析影响工程进度的主要因素,充分认识工程进度控制是一个十分复杂的系统过程。

第一节　工程进度控制的基本概念

一、进度控制的概念

进度控制就是要依据合同赋予的权力,按照目标工期的要求,编制出技术上可行且经济合理的工程进度计划,并在工程实施过程中经常检查实际进度是否按计划进度进行。若出现偏差,应及时找出原因,然后采取必要的补救措施或修改调整原计划,以确保工程的按期完成。

按工程建设的主体不同,工程进度控制可分为项目法人的进度控制、监理工程师的进度控制和承包人的进度控制。虽然三者的工作对象均为工程建设项目,采用的技术手段也大致相同,但其工作内容、管理方法和管理深度却有较大不同。

项目法人的进度控制比较宏观,它主要控制总工期和阶段目标工程的完成情况,根据承包人的现金流量计划组织资金供应,以及决定有关工程进度问题的重大事项。

承包人的工程进度控制则非常具体,它要根据合同工期和现场施工条件编制详细的施工方案和施工进度计划报监理工程师审批。作好开工前的各项准备工作,组织管理人员、劳动力、施工船机和各种材料的供应,协调各个工种在工程施工中搭接与配合,确保整个工程在合同工期内完工和合同中单独有完工时间要求的分部分项按期完工。

监理工程师的进度控制包括"计划—实施—检查—处理"四个循环阶段的工作任务。在计划阶段,监理工程师要以合同规定的工期为目标,编制出控制性工程进度计划,并据此审批承包人提交的施工组织设计和施工进度计划;在实施阶段,监理工程师需要督促承包人按照批准的进度计划组织施工;在检查阶段,监理工程师主要是对计划的实施情况进行监测,并将实际进度与计划进度进行比较,发现和找出存在的偏差,分析产生偏差的原因;在处理阶段,要针对检查的结果采取处理措施,如果偏差很小或根本没有偏差,则允许承包人继续按原计划施工;如果施工进度明显落后,必须下达"赶工令",要求承包人立即采取纠偏惦施,对原施工进度计划进行调整;当进度落后为非承包人原因引起时,如果承包人有延期要求,必须根据具体情况审批承包人的工程延期申请,经项目法人批准后下达工程延期的"指令"。总的来说,进度控制要求监理工程师按照动态控制原理,运用现代管理手段和方法,依据施工承包合同、监理委托合同所赋予的权力,协助计划执行者,用最合理的施工方案、组织管理方式,在确保工程质量和控制费用的前提下,按合同规定的竣工期限去完成工程项目。

二、进度控制的作用

进度控制是工程建设中与质量控制、投资控制并列的三大目标之一，是工程项目目标控制的核心内容。保证工程如期完工或提前完工，无论对项目法人和承包人都至关重要，关系其重大利益。对项目法人来说，按期或提前竣工能迅速形成固定资产，扩大再生产能力，具有显著的经济效益和社会效益。对承包人来说，一方面可使他能尽快得到其应得的利益，并及时将施工力量投入到新的工程上去；另一方面也能避免由于延误工期影响到今后的投标竞争。

进度控制不仅仅是保证工程项目按期完工，同时还应满足质量和经济的要求。进度目标是工程项目的三大目标之一，有效的进度控制当然应保证项目按期竣工并交付使用，但进度控制不能以工期为惟一目标，必须正确处理好进度、质量和投资的关系，应按技术规范和操作规程办事，尽可能达到均衡和连续施工，应讲究工程建设的综合效益，这是进行工程进度控制必须遵循的重要准则。

当前，我国实行工程监理的水运工程项目多为大中型项目，其特点是投资大、配套项目较多，建设周期长，并且其中大多还被国家或地方主管部门列入重点建设工程。因此，对于工程建设者来说，在工程建设中，采用先进的管理方法和技术手段控制工程进度，使工程尽可能按照目标工期完工，并争取早日投入运行，发挥效益，对整个工程项目目标实现具有重大意义。

三、进度控制的主要任务

监理工程师在施工监理阶段进度控制的主要任务包括如下几方面的内容。

1．控制施工准备阶段的工作进度。

2．审批承包人提交的施工组织设计和施工总进度计划。如果一个项目由多个承包人平行承包，则监理工程师应编制一个控制性的施工总进度计划，并据此审批各承包人的施工进度计划。

3．审批承包人根据总进度计划编制的年度计划和现金流量计划。

4．适时发布开工令，并监督承包人尽快开工。

5．在施工过程中检查和监督进度计划的实施。当工程未能按计划进度进行时，可要求承包人调整或修改进度计划，采取必要的赶工措施，以满足合同工期的要求。其要点是：

1)认真审批承包人在施工阶段提交的各种详细计划和变更计划，严格控制关键分部、分项工程、关键工序的开工时间和完工时间；

2)督促承包人作好分项工程开工准备工作，及时审查分项工程开工报告，发布分项工程开工令；

3)控制承包人的材料、设备按计划供应，以保证工程按计划实施；

4)协调好各承包人之间的施工安排，尽可能减少相互干扰，以保证工程顺利进行；

5)定期检查承包人的实际进度与计划进度是否相符，如实际进度拖延时，督促承包人采取有效措施加快进度，及时修改施工进度计划以保证按期完工。

6．定期向项目法人报告工程进度情况。

7．公正合理地处理好承包人的工期索赔要求。当工程进度可能导致合同工期严重延误时，应提出中止执行合同的详细报告，供项目法人采取措施或做出决策。

四、进度控制的方法和措施

(一)进度控制的方法

进度控制的主要方法有进度表法、工程进度曲线法、工程进度管理曲线法和网络计划技术方法四种。

1．进度表法

施工进度表的表示方法很多，水运工程较常用的是横道图，通常也称形象进度图。横道图是以时间为横坐标，以水平线杆表示工作，线杆的长度代表该项工作的持续时间，绘制的施工进度计划图表如图 1-1 所示。

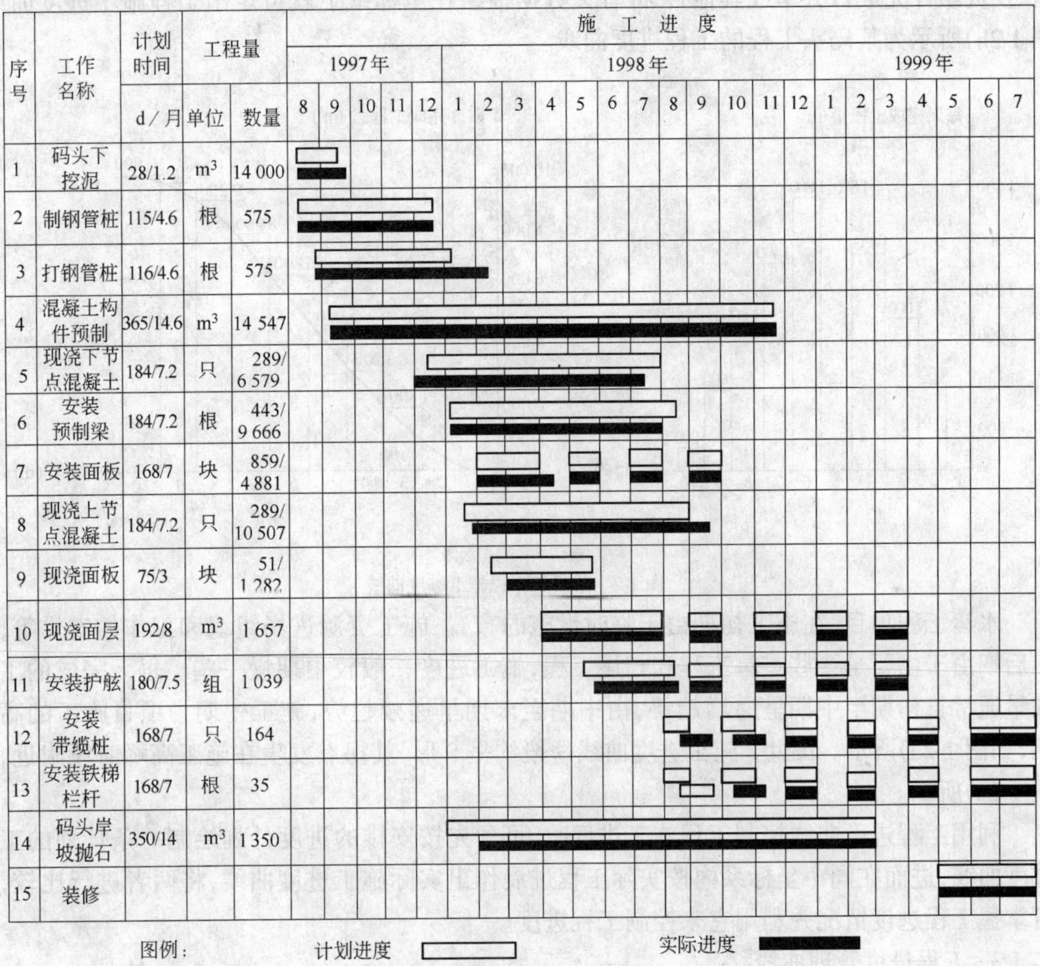

图 1-1　某码头工程横道图施工进度计划

利用横道图进行进度控制时，首先编制横道图施工进度计划(图 1-1 双线框所示)，进而可编制与此进度要求相适应的机械、劳务、材料和财务收支等各种表格。

开始施工后，定期地(每天、每周或每月)将工程施工实际情况记录在施工进度表内，用以比较计划进度与实际进度，检查实际执行的结果是超前、落后，还是按照预定计划进行。若检查结果表明工程目前进度落后了，则应进行详细分析，结合现场记录和各分项进度以及实际完成的工程量，和工程支付的实际情况进行综合性评价，并采取必要措施，改变落后状况。

如图 1-1 所示工程施工进度表中，粗黑线表示实际进度，在 1997 年 12 月检查时，码头下挖泥与钢管桩制作已全部完成，打钢管桩拖延近一个月，混凝土构件预制正按进度计划进行，现浇下节点混凝土已提前开始。这时应找出打钢管桩进度落后的原因，并及时采取必要的补救措施或修改调整原进度计划。

2．工程进度曲线法

利用施工进度表(图 1-2)进行进度控制时，横道图进度表在计划与实际的对比上，很难从整体上准确地表示出实际进度较计划进度超前或落后的程度。要全面了解工程进度计划执行情况，准确掌握总体施工进度状况，有效地进行进度控制，可利用工程进度曲线。

工程进度曲线图一般横坐标代表工期，纵坐标代表工程完成数量的累计值(或投资累计值、投资累计完成百分率或其他)，将有关数据描绘在坐标纸上就可定出工程施工进度曲线。图 1-2b)所示为某码头工程的工程进度曲线。

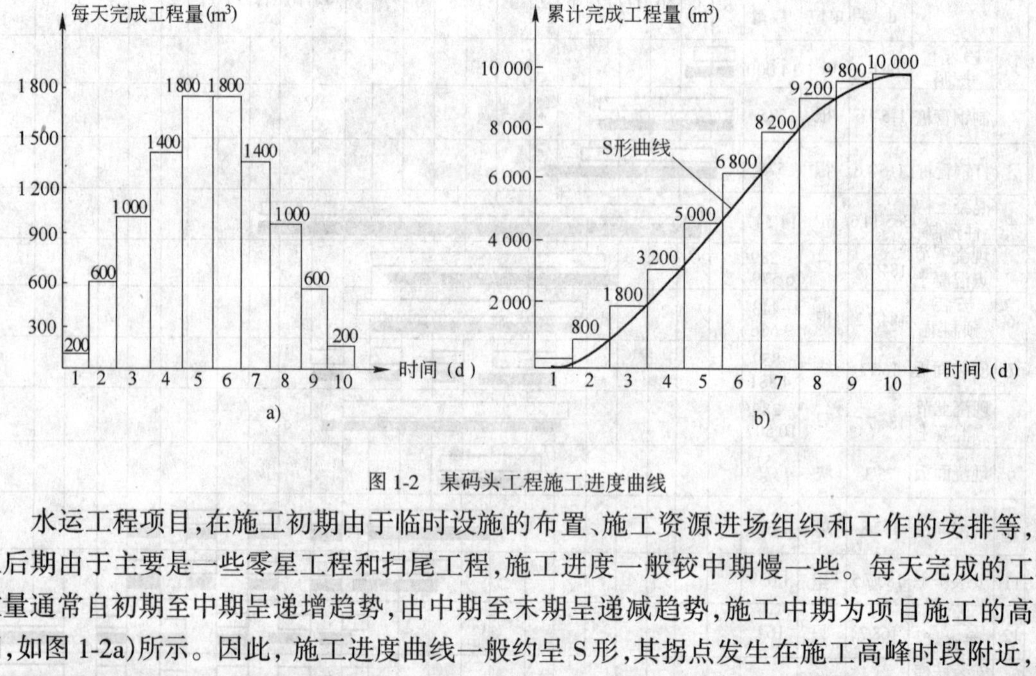

图 1-2　某码头工程施工进度曲线

水运工程项目，在施工初期由于临时设施的布置、施工资源进场组织和工作的安排等，施工后期由于主要是一些零星工程和扫尾工程，施工进度一般较中期慢一些。每天完成的工程数量通常自初期至中期呈递增趋势，由中期至末期呈递减趋势，施工中期为项目施工的高峰期，如图 1-2a)所示。因此，施工进度曲线一般约呈 S 形，其拐点发生在施工高峰时段附近，如图 1-2b)所示。

利用工程进度曲线控制工程施工进度时，可预先按安排的进度计划绘制一条计划的工程进度曲线，进而在同一坐标系内按实际工程进展作出实际施工进度曲线，将两者进行比较，则可掌握工程进度情况并利用它来控制工程进度。

3．工程进度管理曲线

由于受各种外界因素的干扰，实际施工进度不可能完全按某一曲线运行，只要将实际施工进度控制在某一区域内，则可认为施工进度处于理想状态，这种方法称为施工进度管理曲线法。

施工进度管理曲线是两条施工进度曲线组合成的闭合曲线。从理论上讲，任何工程项目的进度计划总是分为最早和最迟两种开始与完成时间的。因此，任何工程项目的施工进度计划，都可以绘制出两条曲线：其一是以各项工作的计划最早开始时间绘制的工程进度曲线，称为 *ES* 曲线；其二是以各项工作的计划最迟开始时间安排进度而绘制的工程进度曲线，称为 *LS* 曲线。两条曲线的起点和终点都分别是项目的开工时刻和完工时刻，因此两条曲线是闭合的，围成图 1-3 所示的形似香蕉的曲线，俗称香蕉曲线。

利用工程进度管理曲线控制施工进度时，只要实际进度点处在 *ES* 和 *LS* 两条工程进度曲线围成的香蕉形区域内，则认为工程进度合理。

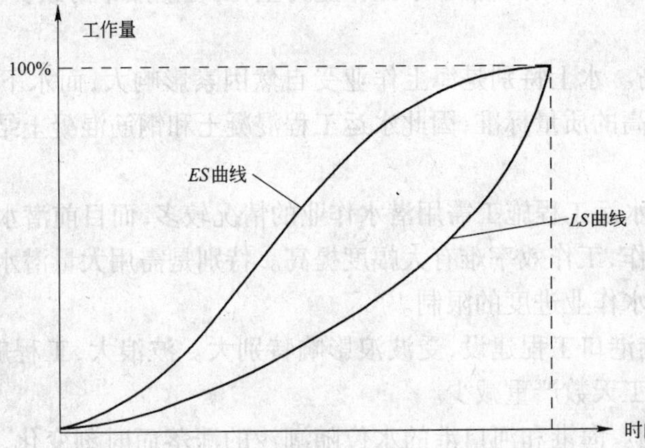

图 1-3　某码头工程施工进度管理曲线

4. 网络计划技术控制法

网络计划技术是用于制定施工进度计划和进行工程进度控制的一种最有效方法，它可以使得工序安排紧凑，便于抓住关键，保证施工机械、人力、财力、时间均能获得合理的分配和利用。除此以外，它还有较好的可控制性。

工程施工不仅可采用网络技术编制施工进度计划，更具有意义的是可利用网络技术进行工程进度控制。网络计划技术控制法详见第五章。

(二)进度控制的措施

进度控制的措施包括组织措施、技术措施、合同措施、经济措施和信息管理措施。

1)组织措施：落实进度控制的人员，具体任务和职能分工；帮助承包人进行项目分解，编制符合进度目标要求的进度计划并将工作任务落实到施工班组，督促承包人做好施工机械、人员、资金和材料的组织调度工作；建立进度协调工作制度(包括协调会议)以及组织干扰因素的分析等。

2)技术措施：建议承包人用各种先进的技术手段和施工方法加快施工进度。

3)合同措施：建议项目法人采用分别发包和指定分包方式，将各合同的合同工期与进度计划协调。

4)经济措施：提醒项目法人按资金流量图组织好资金供应，及时做好计量支付工作，利用经济手段促进承包人尽快完成任务，按期或提前完工。

5)信息管理措施：准确掌握实际工程进展情况，通过计划进度与实际进度的动态比较定期提供进度比较报告，了解实现进度目标的薄弱环节，抓住施工进度的重点和难点，督促承包人实现进度目标。

第二节　水运工程进度控制的特点

一、水运工程建设的特点

水运工程建设属于建筑行业，除具有一般工程建设的特点外，由于离不开与水打交道，它还具有如下特点：

1)水上作业多。水运工程处在江、河、湖、海，多为水上作业。这是水运工程最根本的特点，其他特点都由这一特点而源生。

2)工程船舶采用多。由于水运工程以水上作业为主，工程船舶不可缺少。其类型多，规格吨位不一。

3)预制装配程度较高。水上特别是海上作业受自然因素影响大，而水下浇筑混凝土不仅困难，而且也很难达到较高的质量标准，因此水运工程混凝土和钢筋混凝土结构采用预制装配的情况较多。

4)水下工作量较大，水运工程施工需用潜水作业的情况较多，而目前潜水作业仍依靠潜水员进行，基本上是手工操作，工作效率难有大幅度提高。特别是需用大量潜水作业的某些港口工程，其施工进度常受潜水作业进度的限制。

5)波浪的影响。外港港口工程建设，受波浪影响特别大。波浪大，工程船舶摆动剧烈，施工即成为不可能，有效施工天数严重减少。

6)潮位和潮流的影响。海港和河口港的水位随潮汐的涨落而时刻变化，使得港口工程中的某些作业需"候潮施工"，减少了有效作业时间。另外，当潮流流速过大时，某些作业也无法进行。

二、影响工程进度的主要因素

影响工程项目进度的因素很多，诸如技术原因、地质条件、气候条件、人力原因、材料设备原因、资金原因、组织协调原因和政治原因等。这些因素中，有的是属于承包人方面的，有的则属于与工程有关的项目法人、设计单位、材料设备供应单位、监理单位以及自然环境条件等方面。因此，控制进度仅考虑承包人的施工速度不行，还必须考虑工程建设各阶段所涉及的其他有关部门和方面。只有这样，才能有效地控制工程项目的进度。

1. 项目法人方面

项目法人作为工程的投资者和所有者，对工程进度的影响表现在：

1)建设项目的工程量及工程复杂程度。不言而喻，工程量越大，工程越复杂，所需工期就越长。

2)项目的工期要求。任何一项工程的建设都有其特定的目的，因而项目法人完全有可能基于某种特殊的考虑提出相应的工期要求。例如上海港外高桥新港区一期工程，四个万吨级泊位建设，按交通部颁发的《工期定额》计算，其合理工期为42个月。但作为上海浦东开发的龙头工程，市府要求在28个月建成，这一罕见的工期要求无疑从根本上决定了工程进度目标。

3)项目法人的管理水平和工作效率。项目法人的工作状况对工程进度有直接影响。例如征地拆迁工作是否如期完成，现场施工和外部交通条件是否具备；项目的各种批文是否如期办好等。

4)建设资金到位情况及计划安排。目前，我国水运工程投资渠道呈现多元化格局，资金到位难度较大，影响工程进度。例如，长江沿岸某港口外贸码头建设，由国家和地方联合投资，由于地方资金不到位，工期拖延。

2. 承包人方面

承包人作为工程项目的主要实施者，无疑是决定工程进度的最主要方面，其影响因素有：

1)施工力量的投入情况。承包人能否按合同工期的要求投入足够的施工力量是决定进度的关键。例如，华南某电厂护岸工程施工，以招标方式选定××工程公司承建。由于标价定得较低，工程开工后该公司发现该工程没多少利润，施工力量投入严重不足，致使工期延误近一年。

2)管理水平。主要表现在管理人员的素质和采用的管理方法和手段。

3)技术装备和技术力量。主要表现在承包人是否掌握了某些专门的施工技术，主要技术人员解决技术难题的能力和水平。水运工程施工中往往由于施工中遇到意想不到的技术难题而拖延进度。

4)施工机具的装备情况。水运工程需用的专门施工船机较多，承包人是否拥有并能适时调用这些设备将在很大程度上决定工程进度。

5)材料的采购运输。材料采购必须与进度协调，既要保证满足生产高峰期的需要，又应尽量减少仓储数量，避免资金积压。

6)其他因素。如施工经验、资金实力等。

3. 勘察设计单位方面

勘察设计单位方面影响工程进度的因素主要有：

1)勘察单位提供的地质资料的详细程度和准确程度。

2)设计图纸的质量及其提供时间。

3)现场设计代表的工作能力。

4)变更设计。

4. 监理单位方面

监理工程师的经验、技术素质和工作效率也往往影响工程进度。例如，各种有关的文件、证书、通知和指示能否及时签发；监理工程师对施工现场的管理能力；以及与承包人的合作状况等。

5. 设备制造及运输方面

在水运工程项目建设中，设备投资往往占有很大比重。设备的招标、制造需要一定时间，而重件、大件的运输还要受运输条件制约；安装、调试也要占一定的工期。因此，要控制工程进度，不可忽视设备制造和运输对工期的影响。

6. 环境条件方面

水运工程项目建设中，自然条件和其他环境因素对工程进度有较大影响，主要有：

1)气候条件。如土方工程雨季施工的限制；气候(气温、降雨)对混凝土工程的影响；风力过大时，海上安装工程不能作业等。

2)水文条件。波浪过大时无法进行海上施工作业；潮汐影响施工水位，海港工程有的工作(如水上安装预制构件、打桩等)需趁高潮作业，有的工作(水工浇混凝土、砌石等)则需赶低潮施工；内河工程常常要利用枯水位施工，以减少水下作业工作量。如此种种约束限制，使水运工程施工的有效工作时间受到很大限制。

3)工程风险。包括政治、经济上的风险和自然因素风险。例如，我国南方某电厂码头斜坡式防波堤工程，施工过程遭遇强大的六号台风袭击，工程造成严重破坏，工期严重拖延。

4)其他环境条件。如人文、地理、经济条件，运输、土地条件等。

影响工程项目进度的种种因素中包含着许多不确定因素。因此，在进行进度管理时，必须对相关因素进行深入细致的调查研究，只有在掌握大量有关信息的基础上，才有可能制定出一个科学合理的项目进度计划，才能有效地控制进度。

三、水运工程进度控制的特点

1)水运工程属于基础设施建设,以中大型项目居多,很多被列入国家或各省市的重点建设工程,进度控制的地位尤为突出。项目规模大,投入的资金多,如不能如期竣工投产,势必带来大量资金的闲置和浪费。

2)水运工程水上或水下作业多,施工过程中受难以预见的自然因素影响大,进度控制中的干扰因素多且复杂,给进度控制带来困难。另外,由于风、浪、潮和水流的影响,使有效作业时间减少,进度计划调整的余地也较小。因此,施工前必须周密部署,确保有效工作时间的充分利用。

3)水运工程施工工种多,采用的工程船舶和工程机械较多,现场管理中的协调工作非常重要。特别是某些价值较大的专用施工船舶和设备,可能需在多个工地间协调调度,必须抓住机会,才能确保工程顺利进行。

4)水运工程施工受季节性影响大,进行工程进度控制时必须考虑季节性因素。内河航运建设工程应协调好洪、枯水位与施工进度的关系;华南沿海港口建设应密切注意夏秋季节的台风影响;北方港口施工则要考虑低温和冰冻。

5)目前,我国水运施工企业多采用进度表(横道图)安排和管理工程进度,方法较陈旧,管理水平不高。在水运工程建设实行工程监理制度中,为有效地进行工程进度控制,需要在全行业大力推广网络计划技术。

第三节　水运工程施工组织概述

一、工程项目的组成

(一)建设项目

建设项目也称基本建设项目,是指在一个场地或几个场地上按一个总体设计进行施工的各个工程项目的总和。如一个港口、一个工厂、一条公路等。

(二)单项工程

单项工程又称工程项目,由单位工程组成。是指具有独立的设计文件、竣工后可以独立发挥生产能力,并能产生经济效益或效能的工程。例如:港口建设中的码头,航运枢纽中的船闸等。

(三)单位工程

单位工程由分部工程组成,是指不能独立发挥生产能力,但具有独立设计的施工图纸和组织施工条件的工程。例如:码头工程中的码头水工建筑物等。

(四)分部工程

分部工程由分项工程组成,它是按照单位工程的各个部位由不同工种的工人利用不同的工具和材料完成的部分工程。例如:码头水工建筑物的基础工程等。

(五)分项工程

分项工程是分部工程的组成部分,它是将分部工程再进一步更细地划分为若干部分,是建筑安装工程的基本构成因素。例如,码头水工建筑物的基础工程中的基槽开挖。

二、施工组织的原则

1)连续性原则。连续性原则是指施工过程各阶段、各工序的进行，在时间上应紧密衔接，不允许发生各种不合理的中断。按连续性原则组织施工，可以缩短建设周期，避免不必要的等待及窝工，提高劳动生产率。保持施工过程的连续性可通过组织各项工作间的平行流水和立体交叉作业来实现。

2)均衡性原则。均衡性是指施工各阶段在人工、机械设备、材料消耗、资金使用上应保持一定比例，各工段的负荷也应保持相对稳定，不发生时紧时松的现象。均衡施工能充分利用机械设备和工时，避免由于突击赶工而造成损失，也有利于保证工程质量。

3)协调性原则。施工的协调性是指施工各阶段、各工序之间在施工能力上应相互协调，不发生脱节和比例失调现象。具有协调性的施工组织，可避免施工过程中的不必要的停顿和等待，提高机械、设备的利用率，缩短工期。

4)经济性原则。施工的经济性是指在组织施工时，应在保证技术要求的前提下，讲求经济效益。科学地组织施工的根本目的在于以最小的劳动消耗取得最大的施工生产成果。因此连续性、协调性和均衡性三原则最终要以是否经济作衡量标准。

三、施工组织的方法

施工组织的方法分为顺序作业组织法、平行作业组织法、搭接作业组织法和流水作业组织法四种。

(一)顺序作业组织法

当有若干个施工任务时，由一个施工队依次完成各项任务，直至全部任务完成。这种方法的人力、材料、机械设备用量的强度较小，工期很长。

如图 1-4 所示，采用顺序作业组织法生产 m 个构件所需总的生产时间：

$$T = m \cdot d$$

式中：d——生产单个构件所需时间。

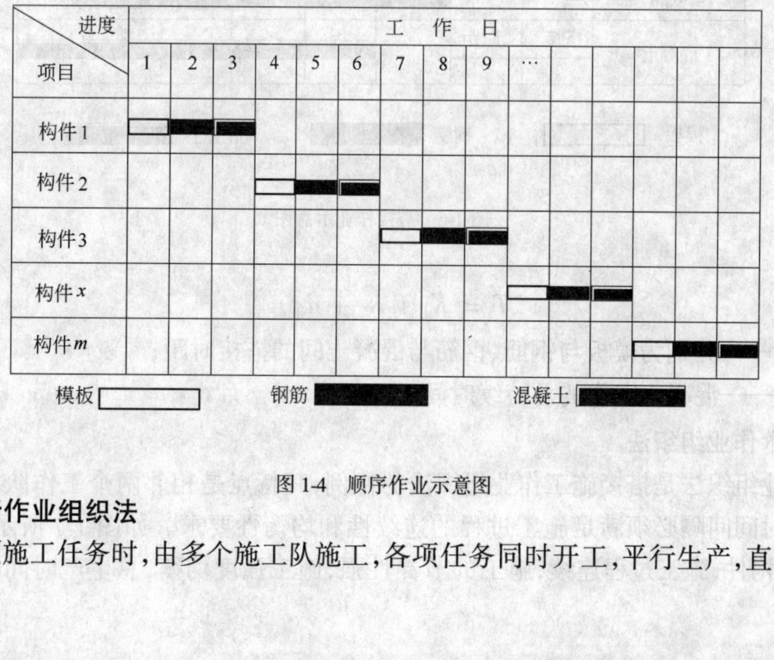

图 1-4　顺序作业示意图

(二)平行作业组织法

当有多项施工任务时，由多个施工队施工，各项任务同时开工，平行生产，直到任务完成。

该法人力、材料和机械设备用量强度大,但工期很短。

图 1-5 所示,采用平行作业组织法生产 m 个构件的总时间 T 等于生产一个构件所需的时间 d,$T = d$。

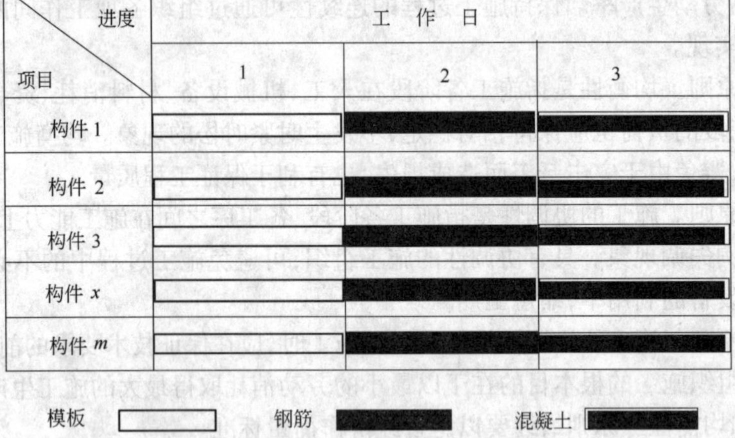

图 1-5　平行作业示意图

(三)搭接作业组织法

当有若干个施工任务时,按工序组织施工队,同一施工队依次投入每一施工任务,相邻施工队则相继投入同一施工任务,形成时间上的搭接。搭接施工作业组织法为专业化施工,由于时间上相互搭接,施工工期较顺序作业组织法明显缩短。

如图 1-6 所示,采用搭接作业法生产 m 个构件的总时间 T 取决于工序作业时间和工序间的搭接时距。

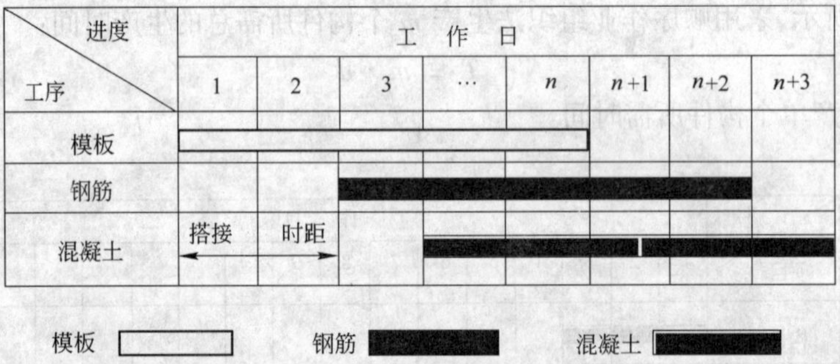

图 1-6　搭接作业示意图

$$T = K_1 + K_2 + d_{混凝土}$$

式中:K_1,K_2——分别为模板与钢筋、钢筋与混凝土间的搭接时距;

$d_{混凝土}$——混凝土工作的总持续时间。

(四)流水作业组织法

流水作业组织法是搭接施工作业组织法的特例,其特点是相邻两个工作队相继投入同一施工任务的时间间隔必须满足施工过程的连续性和均衡性要求。如图 1-7 所示,采用流水作业生产 m 个构件,施工过程连续,施工的节奏性强,施工强度均衡,总生产时间处于顺序作业法和平行作业法之间。

如图 1-7，采用流水作业组织法生产 m 个构件的总时间 T 为：

$$T = K + md_{\text{混凝土}}$$

式中：K——流水步距；

$d_{\text{混凝土}}$——一个混凝土构件的浇筑时间。

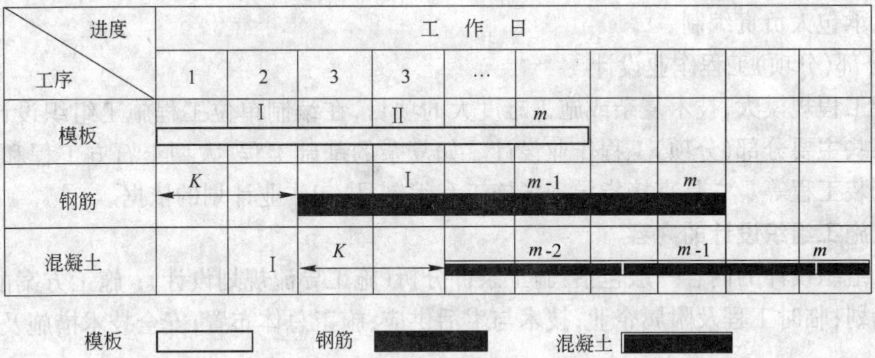

图 1-7　流水作业示意图

四、施工组织设计

(一)施工组织设计及其作用

施工组织设计是基本建设设计和有计划地组织施工的基本技术经济文件。是根据批准的设计文件，经现场调查，按照当地的具体情况进行布置与综合平衡而编制的。

工程建设的不同阶段，有不同的施工组织设计。在设计阶段，应由设计单位根据初步设计编制施工条件设计，作为编制设计概算的依据；在技术设计阶段应由设计单位编制施工组织总设计；在施工正式开工前，应由承包人根据已批准的施工图设计和施工组织总设计以及招标文件，编制施工阶段的施工组织设计，用来直接指导工程施工。

施工组织设计的作用是：

1. 确定施工技术方案，合理安排人力、机械设备和材料的使用，解决工期、质量和费用间的矛盾，以确保按照合同规定，又好、又快、又省和安全地完成施工任务。

2. 协调施工过程中各施工队伍、各施工工种间的关系。

3. 明确职责，保证工程质量和工程进度。

4. 预见施工中可能会出现的问题，并预先拟定解决的措施。

5. 作为编制工程概、预算的依据之一。

(二)施工组织设计的种类

施工组织设计是一个总的概念，根据拟建工程的规模大小、结构特点和技术繁简程度及施工条件，应相应地编制不同范围和深度的施工组织设计。在实际工程中，一般要编制施工组织总设计、单位工程施工组织设计和分部(分项)工程作业设计。

1. 施工组织总设计

施工组织总设计是以整个建设项目为对象编制的，目的是要对整个工程的施工进行通盘考虑、全面规划，用以指导承包人进行全局性的施工准备和有计划地运用施工力量，开展施工活动。在技术设计阶段,应由设计单位负责编制设计阶段的施工组织总设计;在施工准备阶段,应由承包人(或施工总承包单位)负责编制施工阶段的施工组织总设计。

2. 单位工程施工组织设计

单位工程施工组织设计是以单项工程或单位工程为对象编制,用以直接指导单位工程施工。它在施工组织总设计和承包人总的施工部署的指导下,具体地安排人力、物力和建筑安装工程的进行,是承包人编制施工作业计划和制定季度施工计划的重要依据。单位工程施工组织设计由承包人负责编制。

3. 分部(分项)工程作业设计

对于工程规模大,技术复杂或施工难度大的项目,在编制单位工程施工组织设计之后,常需编制某些主要分部(分项)工程作业设计。如复杂的基础工程、大型土石方工程和大型钢结构制作安装工程等。它是直接指导现场施工和编制月、旬作业计划的依据。

(三)施工组织设计的内容

施工组织设计的内容一般包括:施工条件分析(施工导流规划设计);施工方案的拟定;施工进度计划;临时工程及附属企业;技术与生活供应;施工总体布置;安全技术措施及施工管理组织等。

1. 施工条件分析

首先必须对施工地区的地形、地质、气象、水文、交通运输、风、水、电的供应条 件、劳动力、建筑材料、机械设备等技术供应情况、施工地区的社会经济情况及编制设计所依据的其他资料进行详细地分析研究,它既是施工组织设计的要求,又是编好施工组织设计的基础。

2. 施工方案的拟定

对主体工程,需经过技术经济比较,择优选定施工方案。一个先进而切实可行的施工方案,对加快工程进度、降低工程成本及提高工程质量起着重要作用。

3. 施工进度计划

施工进度计划是工程施工在时间上的安排,它反映出各项工程的施工顺序和进度。一般采用图表的形式表示。合理的施工进度计划,对保证工程按期或提前完成,合理使用资金,消除施工中的混乱和浪费现象,降低工程成本和节省劳力、材料、机械设备等都起着重要的作用。

4. 临时工程设施及附属企业

在施工现场,有不少为施工而设立的临时工程设施和附属企业,如导流建筑物、仓库、各类附属企业、行政管理与生活用房、运输组织及风、水、电供应等。为降低成本,临时设施规划应尽量结合永久工程进行。对主要的临时设施,在施工组织设计中,必须做专门的规划设计。

5. 技术与生活供应计划

为了确保施工的顺利进行,在施工组织设计中,必须提出专门的技术供应与生活供应计划。技术供应计划包括:劳动力需要量;主要建筑材料及零配件需要量;施工及运输机械、设备与工具等需要量。生活供应计划包括:粮食及燃料需要量;其他生活必需品及劳保用品需要量等。以上的需要量是根据施工进度计划及定额指标编制的。生活供应主要按照人数、供应天数及供应标准而定。

6. 施工总体布置

其主要任务是合理解决施工场地的布置问题。将施工总体布置的成果标示在一定比例尺的施工地区地形图上,称为施工总体平面布置图,它是施工组织设计的主要成果之一。

7. 安全技术措施及施工管理组织

为确保工程质量和施工安全，在施工组织中，必须提出相应的措施，建立各种管理组织，提高施工管理水平，使各项施工任务组织得有条不紊、互相协调地进行。

此外，在河道上修建水运工程建筑物（如船闸等）或需围海造成干地施工条件时，施工导流设计是施工组织设计中的重要内容。应根据导流条件，选定导流方案，拟定导流建筑物形式及施工措施。导流建筑物一般需专门设计。

（四）施工组织设计的编制原则、编制依据和编制程序

1. 施工组织设计的编制原则

(1)坚决按合同办事

严格遵守合同签订的或上级下达的施工期限，在保证工程质量和安全的前提下，按期完成施工任务，并交付使用，及早发挥效益。

(2)科学地安排施工顺序

按照工程施工的客观规律安排施工顺序，整个工程可划分为若干阶段，各阶段间互有搭接，衔接紧凑，尽可能缩短工期，加快建设速度。

(3)采用先进的施工技术和施工方法

采用先进的施工技术，不断提高施工机械化水平和预制装配化程度，减轻劳动强度，提高劳动生产率。

(4)采用最合理的施工组织方法

根据工程特点和工期要求，因地制宜地采用快速施工措施，尽可能采用流水作业施工方法，组织连续、均衡且有节奏的施工，保证人力、物力充分发挥作用。对于复杂工程应进行优化比较，找出最佳施工组织方案。

(5)落实季节性施工措施，确保全年连续施工

尽可能确保全年性施工，要注意冬季、夏季和雨季工程施工的组织，尽量减少季节性施工的附加费用。

(6)确保工程质量和施工安全

贯彻技术规范和操作规程，提出确保工程质量的技术措施和施工安全措施。对于采用国内外先进的新技术和本单位较生疏的新工艺时，应提出详细具体的操作方法。

(7)尽可能降低工程成本

合理布置施工平面图，节约施工用地；充分利用当地资源，减少物资运输量；尽量减少材料二次搬运；正确选择运输工具，以节约能源，降低运输成本，提高经济效益。

2. 施工组织设计的编制依据

(1)已作的设计文件（初步设计、技术设计、施工图设计）；

(2)上级主管部门或国家的有关规定，合同文件；

(3)工程所在地的施工条件；

(4)承包人的技术、设备装备、人力、组织管理水平等情况；

(5)其他有关资料。

3. 施工组织设计的编制程序

(1)分析设计资料、计算工程量；

(2)选择施工方案和施工方法；

(3)编制施工进度计划；

(4)计算人工、材料、机具需要量，制定供应计划；

(5)制定临时工程及供热、供水、供电、供应计划,搞好综合平衡;

(6)工地运输组织计划;

(7)编制技术措施计划,计算技术经济指标;

(8)布置施工总平面图;

(9)编写说明书。

(五)施工组织设计的审批

在施工准备阶段,监理工程师应对中标承包人提交的施工组织设计进行审查。经审查批准后的施工组织设计,必须贯彻执行。

监理工程师在审查施工组织设计时,首先应检查其内容的完整性,然后有的放矢地对重要问题深入审查,从而了解承包人对工程的理解程度和重视程度,与承包人沟通,力求施工计划安排合理,技术方案可行,各项管理措施和安全质量保证措施得到落实。

监理工程师审查施工组织设计时,重点应注意以下几方面的问题。

1. 施工进度计划是否满足合同工期的要求

承包人施工组织设计中的进度计划安排必须满足合同工期要求,如果合同中对某些单项或单位工程有单独竣工时间要求,则进度计划安排也必须满足其要求。否则,监理工程师将不予批准承包人的施工组织设计。

2. 施工计划安排是否周密

施工计划安排是否考虑了气候对进度和质量的影响;施工顺序安排是否适当;分部工程与分部工程之间,分项工程与分项工程之间的衔接是否合理;工序之间是否留有足够的空隙时间;计划安排是否与项目法人提供的施工场地协调。

3. 主要施工方案是否合理、可行

重点审查关键工程和主体工程关键部位的施工方案是否合适,技术保证措施是否具体、可靠,施工质量能否达到规范或技术规格书的要求,这是事关工程成败的关键。

4. 施工资源投入是否与进度计划安排匹配

人是最重要的施工资源,是审查的重点。项目经理、项目总工是否具有工程所需的技术素质、管理素质和施工经验,能否长驻工地并全过程指挥工程施工,分项工程技术负责人是否具有类似工程的施工经验,主要工程的工长是否技术过硬,是否有足够数量的熟练技术工人等。其次是施工机械设备,主要施工机械设备的技术先进性、数量以及是否有足够数量的辅助机械与之配套也是审查的重要方面。

第四节 网络计划技术的特点与种类

一、横道图与网络图

横道图和网络图是两种不同的表示工程进度计划的方法。图1-8是分三段流水施工的钢筋混凝土工程的横道图进度计划,图1-9则是同一工程的双代号网络进度计划。

(一)横道图计划

横道图计划以横向线条结合时间坐标等表示工程中各项工作的施工起讫时间和先后顺序,具有简单、明了、直观、易懂的优点,如图1-8,在该横道图上标有时间坐标、各项工作的施工起讫时间、工作持续时间,整个计划的进度安排和总工期都一目了然,对人力和资源的逐日消耗也便于据图统计。它是目前水运工程中应用最广泛的一种进度计划方法。

横道图计划在长期应用中,人们也发现它有许多缺点:一是横道图不能反映工作之间的逻辑关系,例如图 1-8 中的支模 2 推迟一天完工对支模 3 有影响可以直接看出,但是还对哪些工序有影响则不明显。二是,横道图计划对各项工作的重要程度没有反映,不能客观地突出对整个工程影响较大的重点工作,也不能从图中看出计划的潜力所在。三是,由于横道图计划没有反映逻辑关系,给计划的修改和调整带来极大的困难,一旦某个工作改变,几乎整个计划要全盘修改。另外、横道图计划不能直接利用电子计算机分析计算和管理,这对现代化的大型工程的管理非常不利。

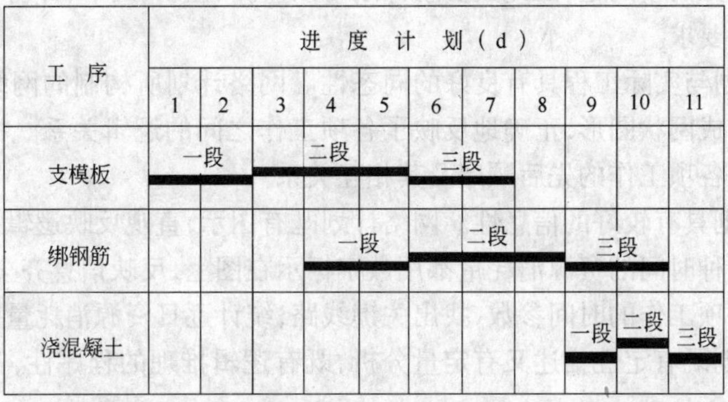

图 1-8　横道图进度计划

工程规模越大,横道图计划的上述一些缺点就越显得突出。随着现代化工程规模的扩大和对工程管理要求的提高,传统横道图计划已不能很好地适应生产和施工的需要。

(二)网络计划

网络计划是用网状图形表示的计划。网络图由节点、箭线和线路构成。在双代号网络图中,箭线表示工作,节点表示事件,线路表示计划的一种实现途径,如图 1-9 所示。

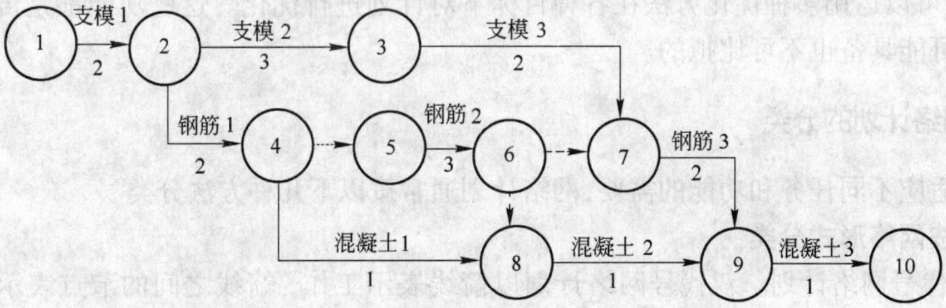

图 1-9　网络计划

网络计划把施工进度安排视为一个系统,并明确地反映出此系统各组成工作之间的相互制约与依赖关系,可以用它进行时间分析,确定出哪些工作是影响工期的关键工作,以便集中精力抓施工中的主要矛盾,减少盲目性。此外,由于它是一个定义明确的数学模型,可根据一定的目标对它进行各种优化,也可在计划执行过程中进行有效的监督和控制。

网络计划技术在 20 世纪 50 年代产生于美国,60 年代就引入我国。1965 年华罗庚教授在《人民日报》上发表了介绍网络计划技术的文章,他将网络计划技术等优化方法统称之为统筹法。接着华罗庚教授多次举办统筹法讲习班。从此,我国在生产管理中开始推行网络计划技术。进入80年代后,我国网络计划技术的普及与研究都进入了一个新的阶段。随着微型计算机的普及,许多施工企业运用网络计划软件对施工生产进行动态管理,获得较好的效益。网络计划在许多大型工程施工中得到成功应用。

(三)网络计划技术的特点

网络计划技术与传统的计划管理方法相比有许多优点。从系统观点来看,一项计划应是一个系统的整体,计划的根本目的就是要使各项工作的相互关系、时间、资源构成一个系统协调的整体,并力求以最短的工期和最少的资源消耗去完成任务。同时,计划的执行进程中随时会遇到一些不可预见的新问题,因此又要求计划可以监测、控制、调节,并富有弹性。网络计划能较好地满足这些要求。

首先,网络计划与实际工程具有良好的同态性。网络计划所构制的网络模型将每一项工作按工作顺序绘制成网状图形,正确地反映了各项工作之间的逻辑关系。根据网络计划可以直观地看出计划中各项工作的先后顺序及其相互关系。

其次,网络计划具有较好的信息性。网络计划既有图示,直观反映逻辑关系;又有数示,计划中每项工作的各种时间的资源消耗量都用数字标示在图上,反映信息齐全。根据这些信息,可以计算计划中每项工作的时间参数,找出关键线路,统计逐日资源消耗量。图形和数字的双重表示,使网络计划既有定性描述又有定量分析,既有逻辑推理的程序性,又有清晰明白的直观性。

再次,网络计划具有较好的可控制性。根据网络模型提供的信息,如时差、资源消耗量等,可以预测未来计划的执行情况,估计计划实施中偏离计划的可能性,有根据地修改和调整计划,使计划朝最优化方向发展。同时网络计划中的关键线路为计划实施指出了控制重点,可以有针对性地采取措施。在网络计划实施过程中,可以将实施情况及时反馈,根据新的信息及时调整、修改计划,使计划始终处在人们的监督和控制之中。

此外,网络计划可以有效地利用计算机计算和管理,实现管理现代化。运用电子计算机,还可以对网络计划在各种情况下可能出现的情况进行仿真和预演,加强计划的可靠性。采用网络计划,可以运用多种优化方法在各种目标下对计划进行优化。这些功能都是传统计划管理方法不可能具备也不可比拟的。

二、网络计划的分类

为了适应不同任务和功能的需要,网络计划通常按以下几种方法分类。

(一)按网络形式分类

1. 双代号网络计划。双代号网络计划以箭线表示工作,箭线之间的节点表示工作之间的连接关系,由于用箭线前后两个节点的编号表示一项工作,故称作双代号网络计划。

2. 单代号网络计划。单代号网络计划以节点表示工作,节点之间的箭线表示工作之间的连接关系。由于只用一个节点编号表示一项工作,故称作单代号网络计划。

(二)按性质分类

1. 肯定型网络计划。网络计划中每一项工作均肯定发生,而且每一项工作的持续时间都是确定的,这种网络计划称作肯定型网络计划。肯定型网络计划是应用最广、种类最多的网络计划。CPM、搭接网络计划、流水网络计划都属于肯定型网络计划。

2. 非肯定型网络计划。这种网络计划主要分为两种。一种是网络计划中每一项工作及工作之间的逻辑关系都是肯定的，但其中部分或全部工作的持续时间是随机的，这种网络计划通常称作概率型网络计划。另一种是网络计划中的工作及工作之间的逻辑关系不肯定，并且工作持续时间也是随机变化的，这种网络计划通常称作随机型网络计划。研究和开发工作中的网络计划大多属于非肯定型网络计划。

（三）按工作之间的逻辑关系分类

1. 对接网络计划。对接网络计划是工作之间逻辑关系最简单的一种网络计划。在对接网络计划中，相邻两项工作之间为衔接关系，它们之间没有时间间隔和时间搭接，只有紧前工作完成之后紧后工作才能开始。

2. 搭接网络计划。在搭接网络计划中，相邻工作之间的逻辑关系有开始到开始、开始到结束、结束到开始、结束到结束等时间间距的约束，相连工作除有先后顺序关系外，还必须满足上述的搭接时距。

3. 流水网络计划。流水网络计划是将流水作业原理与网络技术相结合的一种网络计划。为了保证各工种的施工连续，在流水网络计划中引入了流水步距。相连两工作之间除有先后顺序关系外，还有流水步距关系的约束。流水网络计划是专为组织流水施工而提出的。

（四）按表达方式分类

1. 时标网络计划。以时间坐标为尺度绘制的网络计划。时标网络计划中箭线的长短根据工作持续时间长短按比例绘制，箭线的长短表示了工作持续时间的长短。这种网络计划吸取了横道图计划的优点，表达时间直观明了，实际工作中被广泛应用。

2. 非时标网络计划。非时标网络计划也就是不按时间坐标绘制的网络计划，在这种网络计划中箭线的长短与工作持续时间的长短无关。

（五）按目标分类

1. 单目标网络计划。这种网络计划仅允许有一个终点节点。大部分网络计划是单目标网络计划。

2. 多目标网络计划。这种网络计划有两个或两个以上终点节点，群体网络计划便是一种多目标网络计划。

（六）按层次分类

1. 分级网络计划。根据不同管理层次需要而编制的范围大小不同、详略程度不同的网络计划。

2. 总网络计划。以整个计划任务为对象编制的网络计划。

3. 局部网络计划。以计划任务的某一部分为对象编制的网络计划。

（七）按用途分类

1. 建设项目网络计划。以建设项目为对象编制的网络计划称作建设项目网络计划。它可以明确建设项目的总工期和主要单项工程的施工工期，是一种控制性网络计划。

2. 单项工程网络计划。以单项工程为对象编制的网络计划称作单项工程网络计划。按照建设项目网络计划规定的开、竣工时间进行分项安排，确保总工期实现。它是一种指导性的网络计划。

3. 单位工程网络计划。单位工程网络计划以单位工程为编制对象。当工程量大、施工复杂时还可以编制分部(分项)工程网络计划。单位工程网络计划和分部(分项)工程网络计划都是实施性网络计划。

4. 企业网络计划。以企业的生产活动为对象编制的网络计划称作企业网络计划。企业网络计划又可按时间阶段划分为总体网络计划和年、季、月网络计划。

复习题

1.监理工程师在水运工程进度控制中的任务有哪些?

2.水运工程施工组织应遵循哪些原则?

3.简述施工组织设计的编制程序。监理工程师应从哪几个方面审查承包人提交的施工组织设计?

4.结合一具体工程项目,说明监理工程师在进度控制中可采取哪些措施?

5.掌握横道图计划的编制方法和特点。

6.网络计划的基本原理是什么?它有何特点,常用的网络计划方法有哪些?

第二章　网络计划技术基础

[自学提要]　本章介绍最基本的网络计划，重点掌握双、单代号网络计划的编制和时间参数的计算，掌握双代号时标网络计划的编制。通过本章的学习，要求学员能熟练运用网络计划技术编制施工进度计划。

第一节　双代号网络图的组成

双代号网络图由箭线、节点和线路三要素组成。

一、箭线

在双代号网络图中，用连续两个节点的箭线表示工作。网络图中的工作与日常人们所说的工作在概念上有所不同。双代号网络图中的工作有以下几种：

(1)既消耗时间又消耗资源的工作。这种工作就是日常人们所说的工作。

(2)只消耗时间不消耗资源的工作，例如施工工序之间的技术间歇，如油漆干燥等，这种技术间歇人们日常并不称为工作，但在网络图中称为工作。

(3)既不消耗时间也不消耗资源的工作。这种工作实际上并不存在，仅仅为了正确画出网络图而人为引入的工作。

前两种工作在网络图中称为实工作，第三种工作称为虚工作。虚工作在双代号网络图中经常采用。

双代号网络图中的工作还可按其相互间的逻辑关系分为以下几种：

(1)先行工作。网络图中，自起点节点至本工作之前各条线路上的所有工作都称为该工作的先行工作，如图 2-1 所示网络图中，钢筋 1、模板 1、混凝土 1、钢筋 2、模板 2 都是混凝土 2 的先行工作。

(2)后续工作。本工作之后至终点节点各条线路上的所有工作，称为该工作的后续工作。在图 2-1 所示的网络图中，人工养护 2、自然养护 2 都是混凝土 2 的后续工作。

(3)平行工作。可与本工作同时进行的工作，称为该工作的平行工作。例如图 2-1 中的工作人工养护 1、自然养护 1 都是混凝土 2 的平行工作。注意，网络图中的平行工作，是指逻辑关系上的平行，而并不一定是时间上的同时进行。

(4)紧前工作。在先行工作中，紧排在本工作之前的工作，称为该工作的紧前工作。例如图 2-1 中混凝土 1 和模板 2 是混凝土 2 的紧前工作。

(5)紧后工作。在后续工作中，紧排在本工作之后的工作，称为该工作的紧后工作。在图 2-1 中，工作人工养护 2 是混凝土 2 的紧后工作。

(6)起始工作。网络图中没有紧前工作的工作称为起始工作，如图 2-1 中的钢筋 1。

(7)结束工作。网络图中没有紧后工作的工作称为结束工作，如图 2-1 中的的自然养护 1 和自然养护 2。

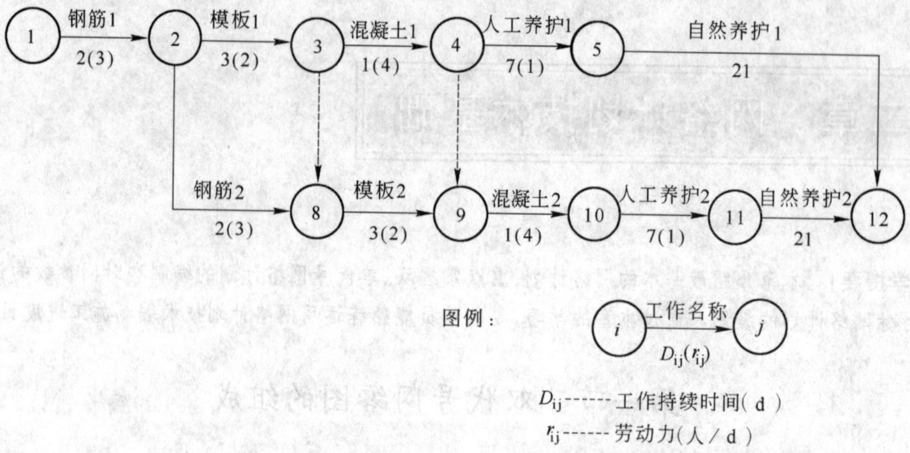

图 2-1　网络图的组成

二、节点

在双代号网络图中,节点表示事件,事件是工作开始或完成的时间点。事件具有瞬时性,它既不消耗时间也不消耗资源,它仅仅表示工作开始或完成的瞬间时刻。事件还具有连接性,它起着连接前后工作,承上启下的交接作用。一旦某个事件实现,它的紧前工作应均已完成,它的紧后工作就都可以开始。因此事件也是检验工作完成与开始的标志。

事件按其在网络图中的位置分为以下 3 种:

(1)起点事件。起点事件是起始工作的开始事件。它不仅表示工作的开始，而且也是整个网络图开始的标志。

(2)终点事件。终点事件是结束工作的完成事件。它不仅表示工作的完成，而且也是整个网络图结束的标志。

(3)中间事件。网络图中除起点事件和终点事件之外的所有事件都是中间事件。中间事件既表示其紧前工作的完成又表示其紧后工作的开始。

事件根据其与工作的关系又分为两种:

(1)开始事件。标志一项或多项工作开始的事件。一旦某个事件实现，标志着以该事件为开始事件的所有工作均可以开始。

(2)完成事件。标志一项或多项工作完成的事件。一旦某个事件实现，标志着以该事件为完成事件的所有工作均已完成。

三、网络图

网络图是由箭线和节点组成的,用来表示工作流程的有向、有序的网状连通图形。具有连通性和方向性是它的两大特性。连通性是指网络图中每一箭线和节点都是连通在一起的,形成一个整体。方向性是指网络图中各节点之间的连接具有箭线所示的方向。

网络图中从起点节点开始,沿箭线方向连续通过一系列箭线与节点,最后到达终点节点所形成的通路称为线路。例如,图 2-1 所示的网络图中,共有 4 条线路:

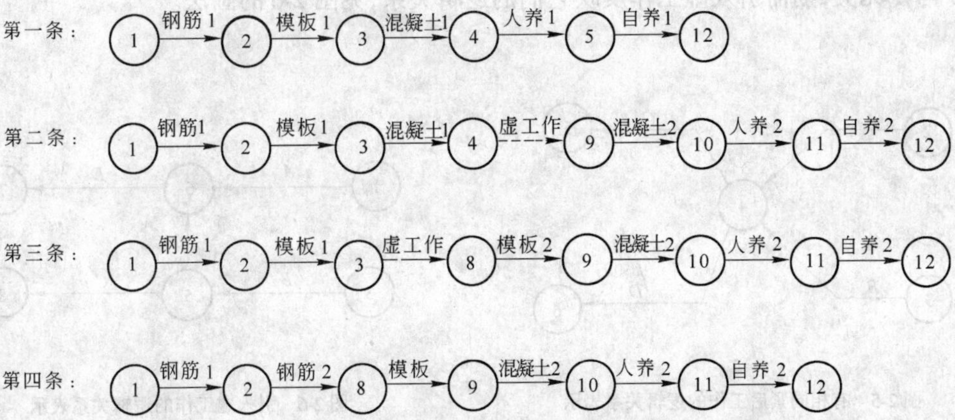

第二节　双代号网络图的绘制方法

一、绘制的基本规则

(一)基本逻辑关系的表示

所谓逻辑关系，是指工作之间的先后顺序关系。在绘制网络图时，通常可以遵照工作之间的先后顺序关系将有关工作依次连接，形成局部网络，然后按各局部网络间的内在逻辑和约束关系汇成整体网络图。因此，正确地表达工作间的逻辑关系对绘制网络图至关重要。

(1)*A*、*B*、*C* 三项工作依次进行，采用箭头箭尾相衔接的串联表示方法，见图 2-2 所示。

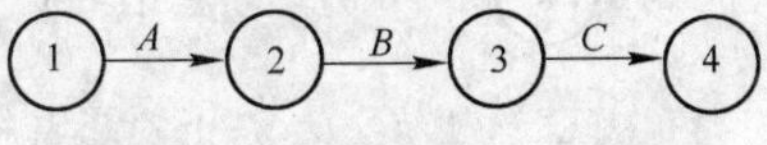

图 2-2　顺序作业的逻辑关系表示

(2)*A*、*B*、*C* 平行进行且同为起始工作，采用箭尾共节点的并联画法，如图 2-3 所示。

(3)*A*、*B*、*C* 平行进行且同为结束工作，采用箭头共节点的并联画法，如图 2-4 所示。

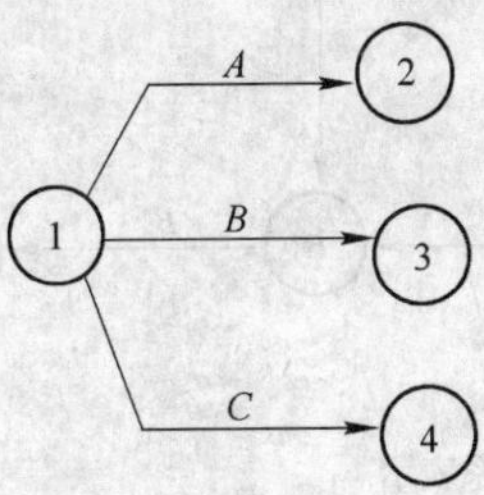

图 2-3　平行作业的逻辑关系表示(1)

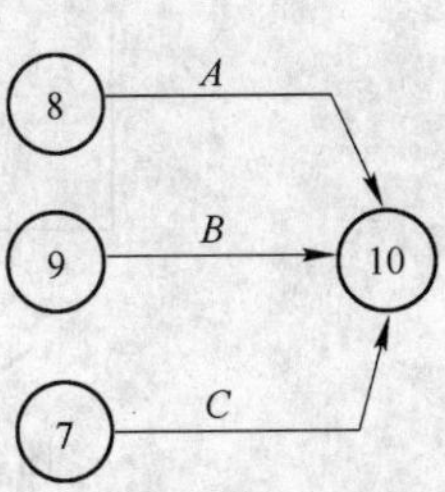

图 2-4　平行作业的逻辑关系表示(2)

(4)*C*、*D* 两工作在 *A*、*B* 工作完成后才能开始，采用图 2-5 所示的表示方法。

(5)若工作 *D* 必须在 *A*、*B* 工作完成后才能开始，而工作 *C* 只要工作 *B* 完成后就可以开始，C 与 A 无关，则需引入虚工作反映它们的逻辑关系，见图 2-6 的画法。

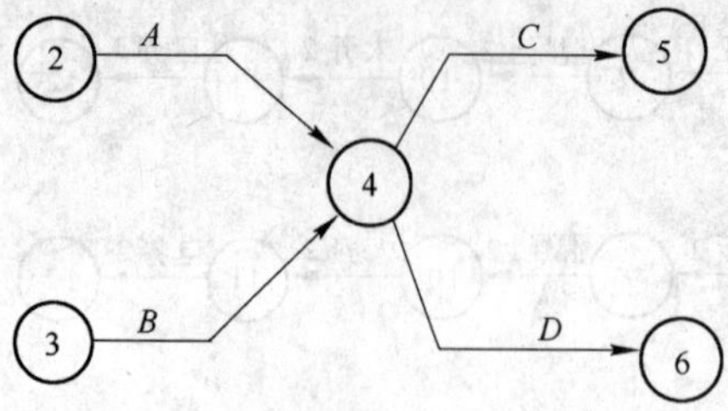

图 2-5　有相同紧后工作的逻辑关系表示

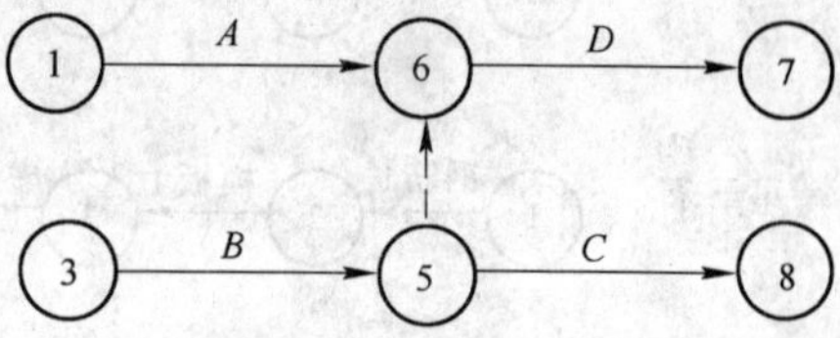

图 2-6　引入虚工作的逻辑关系表示

(6)若 C 工作在 A 完成后开始，G 工作在 B 完成后开始，D 工作必须在 A、B 均完成后才能开始，则应引入两个虚工作表示它们的关系，如图 2-7 所示。

(7)若工作 A 开始一个 d 的时间后，B 工作才能开始，由于工作 A、B 为搭接关系，则可将 A 分为 A_1、A_2 两段表示，如图 2-8 所示。

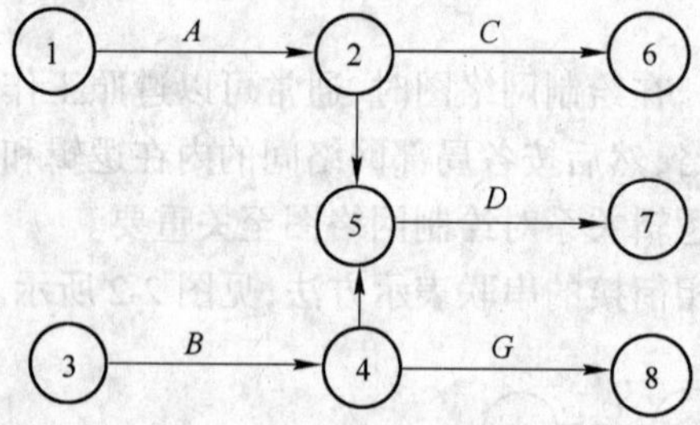

图 2-7　有部分相同的紧后工作的逻辑关系表示(2)

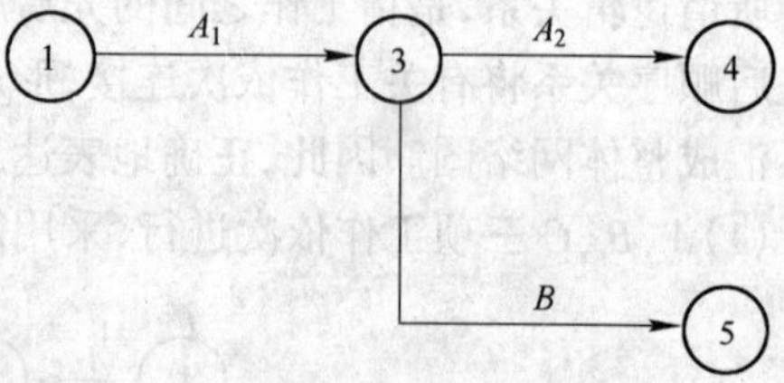

图 2-8　搭接施工的逻辑关系表示

(8)A、B 工作在分三段施工的施工段上分段流水施工，其逻辑关系表示如图 2-9 所示。

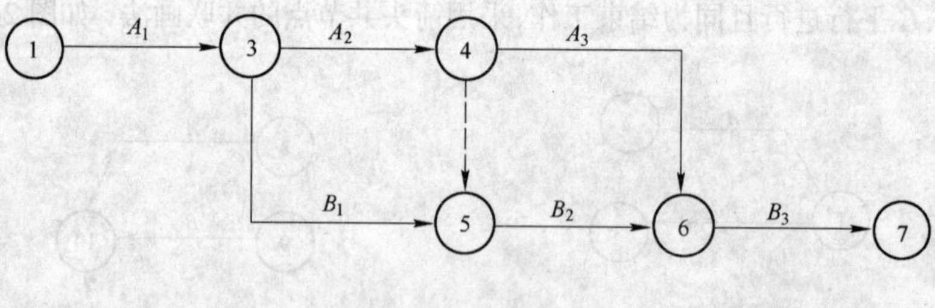

图 2-9　流水施工的逻辑关系表示

在网络图中，工作间的逻辑关系是变化多端的，表 2-1 列出了双代号网络图中常见的一些逻辑关系表示方法。正确反映工作之间的逻辑关系的关键是虚工作的正确运用。

(二) 双代号网络图的逻辑准则

(1)双代号网络图只能有一个起点节点和一个终点节点。如有几项工作同为起始工作或同为结束工作时，通常可分别表示成图 2-10a)和 b)的形式。

双代号网络图中常见的各种工作逻辑关系表示方法　　　　表 2-1

序号	工作之间的逻辑关系	用双代号网络图表示
1	A 完成后进行 B、C （$A-B$、C）	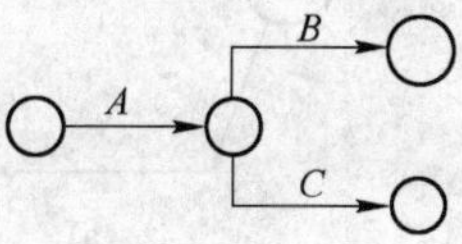
2	A、B 完成后进行 C （A、$B-C$）	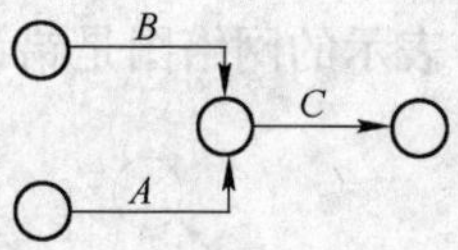
3	C、D、E 三者在 A、B 完成后才能开始 （A、$B-C$、D、E）	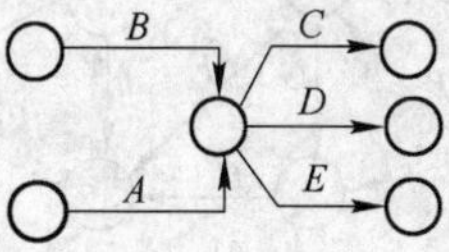
4	A 完成后进行 C，A、B 均完成后进行 D （$A-C$，A、$B-D$）	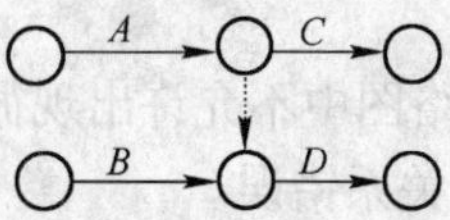
5	B、C 完成后进行 D，A 在 B 之前完成 （$A-B$，B、$C-D$）	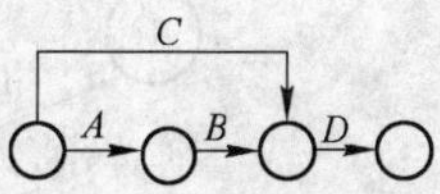
6	在 A 开始一个 d 时间后，B 才能开始	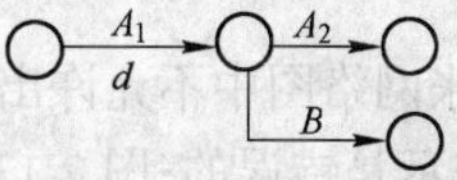
7	在 A 完成后，要经过一个 d 的时间，B 才能完成	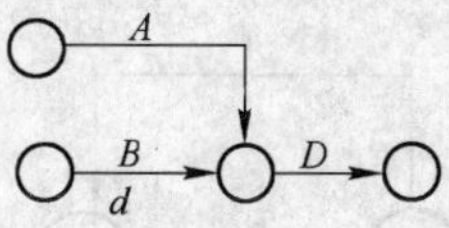
8	A、B 分为三个施工段，分段流水施工；即： A_1 完成后进行 A_2、B_1，A_2 完成后进行 A_3、B_2 A_2、B_1 完成后进行 B_2，A_3、B_2 完成后进行 B_3	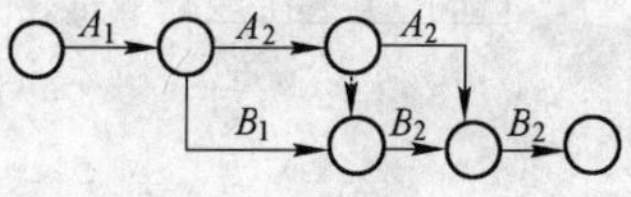

图 2-10　多个起始工作和多个结束工作的逻辑关系

如图 2-11a)表示的网络图是错误的,应表示成图 2-11b)的形式。

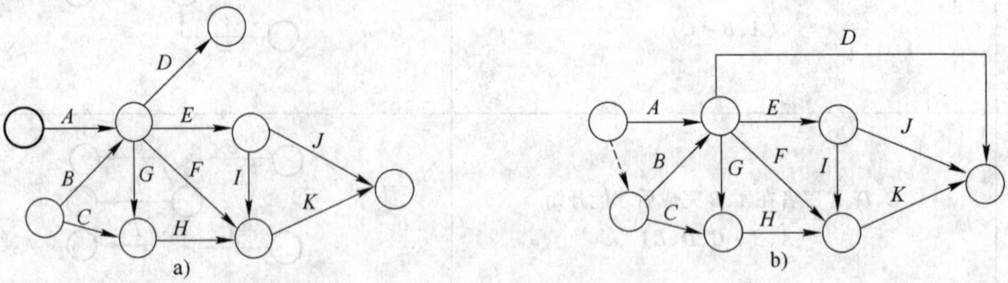

图 2-11　化“多起点”和“多终点”为单一起点和单一终点

a)错误;b)正确

(2)网络图中不允许出现循环线路。如图 2-12 中工作 2-3、3-4 和 4-2 组成的闭合回路,使工作的逻辑关系错误。

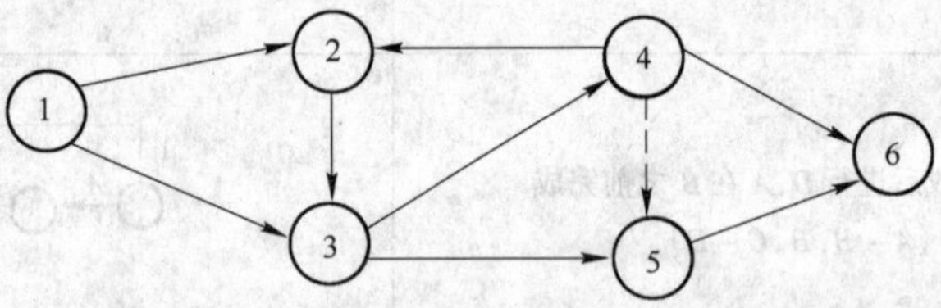

图 2-12　有循环线路的逻辑错误

(3)一张网络图中不允许出现编号相同的节点或工作。如图 2-13a)三项工作 A、B、C 都用①→②表示是错误的;图 2-13b)中有三个“②”节点也是错误的;正确的表达方式如图 2-13c)所示。

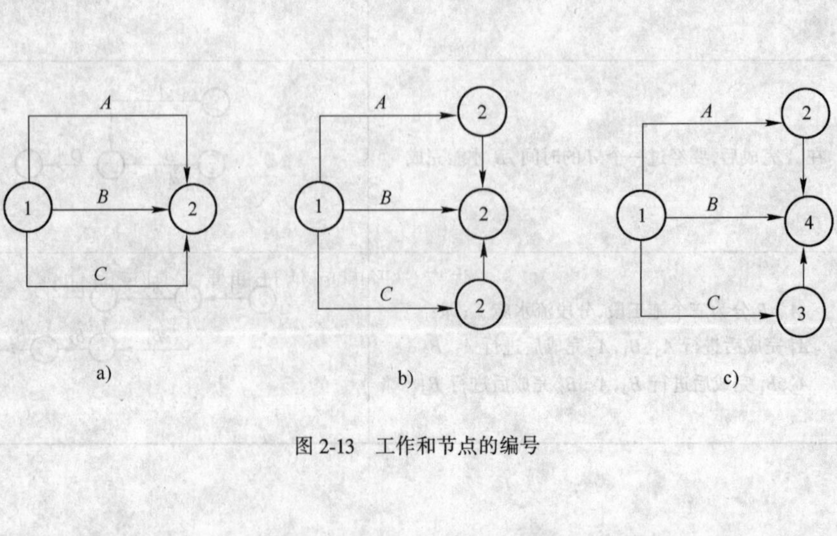

图 2-13　工作和节点的编号

二、网络图绘制步骤

(一)项目分解

项目分解就是要将一项工程计划分解为构成网络计划的基本组成单元(工作),它是绘制网络图的一项基本工作。项目分解一般可按其性质、组织结构和运行方式等来划分。如按准备阶段、实施阶段;按全局与局部;按专业或工艺作业内容;按工作责任或工作地点等进行分解。

项目分解应根据具体情况决定粗分或细分。对上层管理机构使用的网络计划,可以分得粗一些;对直接生产单位使用的网络计划,就需要分解得细一些。

在编制水运工程施工进度计划时,项目分解通常是在施工方案设计的基础上进行的。例如,在编制重力式码头基础施工网络计划时,在确定了基础施工方案后,将项目分解到各施工工序(如后述表 2-4 所例)。

(二)工作持续时间估计

工作持续时间应根据该项工作的工作量和劳动生产率进行估计,通常可以天或月为单位,有时也用周、旬、半月等为单位。按照工作发生的可能性,时间估计有肯定形和非肯定形两种形式。

1. 肯定形时间估计

肯定形时间估计,即在一定施工条件下,对一项工作的持续时间只估定一个肯定的值,通常要考虑正常施工条件和加快施工条件两种情况。

1)正常持续时间

正常持续时间是指在合理的组织条件下,完成一项工作所需的时间。通常可按下式计算:

$$D_{i-j} = \frac{Q_{i-j}}{S_{i-j} \times R_{i-j} \times n} = \frac{P_{i-j}}{R_{i-j} \times n} \tag{2-1}$$

式中:D_{i-j}——工作 $i-j$ 的正常持续时间(d);

Q_{i-j}——工作 $i-j$ 的工程数量;

S_{i-j}——工作 $i-j$ 的人工产量定额(人工完成)或机械台班产量定额(机械完成);

R_{i-j}——工作 $i-j$ 的施工人数或机械台数;

P_{i-j}——工作 $i-j$ 的总劳动量或机械台班数;

n——每天工作班数。

2)最短持续时间

最短持续时间是指在加快施工条件下,不可能进一步缩短的工作持续时间,它是供调整工期之用,通常由技术员、工程师、工地主任和有关专家在认真分析施工现场条件的基础上估计确定的。

2. 非肯定形时间估计

当由于采用新技术、新工艺而缺乏定额,或者由于影响施工的因素复杂使得工作时间为不肯定时,工作时间的估计即为非肯定形。非肯定形时间估计通常采用三时估计法。此法对一项工作估计出最短、最长和最可能三种持续时间,再加权平均算出一个期望值作为持续时间。

(1) a——工作的最短估计持续时间。是指按顺利条件估计的,完成某项工作所需的持续时间,通常也称为最乐观时间。

(2) b——工作的最长估计持续时间。是指按不利条件估计的, 完成某项工作所需的持续时间,通常也称为最悲观时间。

(3) m——工作的最可能估计持续时间。是指按正常条件估计的,完成某项工作所需的持续时间。

期望工作持续时间按下式计算加权平均值:

$$D_c = \frac{a + 4m + b}{6} \tag{2-2}$$

这样就把非肯定形的问题转化为肯定形的问题来处理(图 2-14,箭线下方为计算出的各工作期望持续时间)。这样做实际上还是一个估计,用概率论的观点来衡量,估计偏差不可避免,但结果总是有明显的参考价值。当然这并不排斥对每个估计都应努力做到尽可能精确的程度。

(三)确定工作间的逻辑关系

在水运工程施工中,工作间的逻辑关系可划分为以下两类。

1. 工艺逻辑

根据已确定的施工方法,由于工艺过程的技术要求,使得执行各项工作的前后次序受到严格的相互制约。这种相互制约就是工艺逻辑。工艺逻辑是不可改变的,例如船闸施工时,必须先开挖基坑,然后浇底板和闸身,最后进行设备安装和回填工作,这个顺序不能变。

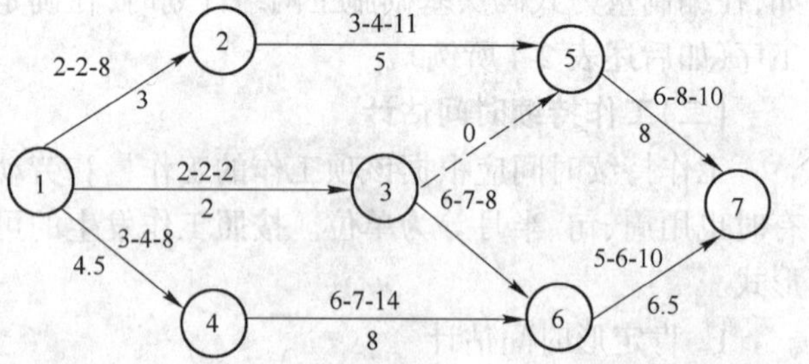

图 2-14 工作持续时间的三时估计法

2. 组织逻辑

组织逻辑是指在生产过程中,根据施工场地的空间限制、施工时间以及施工设备和其他资源等客观条件,由管理人员通过组织决策确定的逻辑关系。例如高桩码头施工时,施工段的划分、打桩顺序的确定等。由于这种逻辑关系是人为确定的,可能会因人而异,并且不同的决策方案其经济效果也不一样,因而在决策过程中应进行反复的分析比较,做到好中选优。

在网络图中,必须正确地反映以上两种逻辑关系。为方便网络图的编制,在明确了工作间的持续时间和逻辑关系后,通常编制出一张工作一览表(如后述表 2-2 所例)。在工作一览表中,工作间的逻辑关系通常以紧前工作和(或)紧后工作的方式表示出来。

(四)绘制网络图

1. 绘制网络草图

工作一览表编好后,按逻辑关系将有关的工作前后衔接起来,构成若干组网络的局部连系,将各个"局部连系"按它们的内在逻辑和约束关系汇集在一起,即可形成一个初步的网络草图。

绘制网络草图要求准确表示工作间的逻辑关系,其关键是虚工作的正确运用。虚工作不代表任何实际的工作,也不占用时间和消耗资源,但运用虚工作有利于表达各工作间的逻辑关系。虚工作运用要恰到好处,不可滥用,以便图面清晰。

1)虚工作的作用

(1)联系作用。如图 2-6 中,用虚工作⑤→⑥将 B 和 D 两工作联系起来。

(2)区分作用。如图 2-13c)中,用虚工作②→④将 A、B 工作区分开,用虚工作③→④将 C、B 工作区分开,以避免出现编号相同的工作。

(3)断路作用。虚工作能截断逻辑上毫无关系的工作之间不必要的联系。如图2-7中,用虚工作②→⑤将 B、C 断开;用虚工作④→⑤将 A、G 断开。

虚工作的联系作用和断路作用是相对而言的,如何用好起联系和断路作用的虚工作是绘制双代号网络图的一个难点。

2)虚工作的存在判断

在什么情况下需要运用虚工作,可以从分析工作逻辑关系中判断。判断的方法是:在组成项目的所有工作中,依次抽出两项工作,比较它们与其紧后工作的关系:

(1)若两项工作具有完全不同的紧后工作,或两项工作具有完全相同的紧后工作,则不需要用虚工作;

(2)若两项工作的紧后工作中,有相同的紧后工作,同时又有不相同的紧后工作,则必然在两项工作的箭头节点间需用虚工作连接。

如图2-15中,A、B 有相同的紧后工作 D,而 C 只是 A 的紧后工作,则 A、B 工作箭头节点间必然有虚工作。

又如图2-16,A、B 有相同的紧后工作 D,而 C 只是 A 的紧后工作,E 也仅是 B 的紧后工作,也就是说,紧后工作中有两个不相同的,故在 A、B 的箭头节点间需用两个虚工作相连。

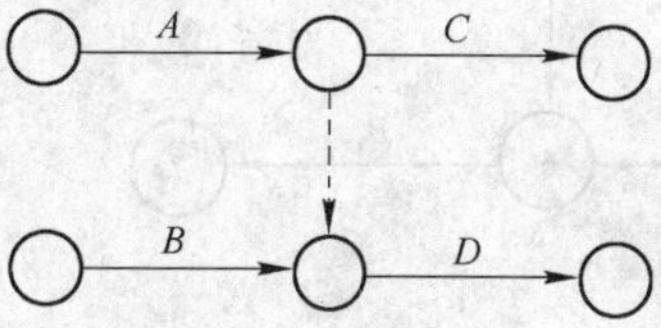

图2-15　虚工作应用(1)

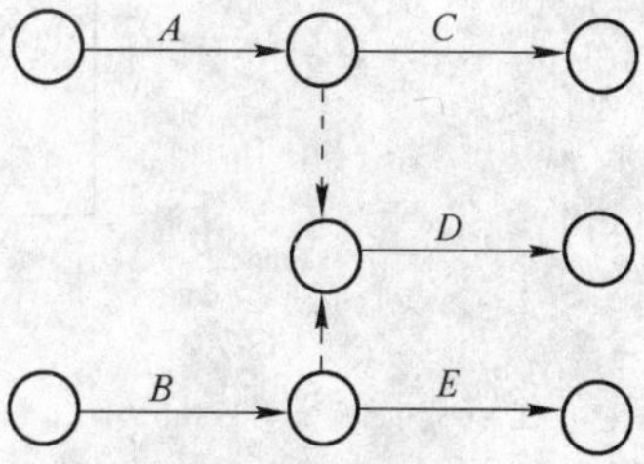

图2-16　虚工作应用(2)

再如图2-17,A、B 两项工作具有完全相同的两项紧后工作 C、D;如图2-18,A、B 则具有完全不同的紧后工作,因而都不需用虚工作就能准确表达其逻辑关系。

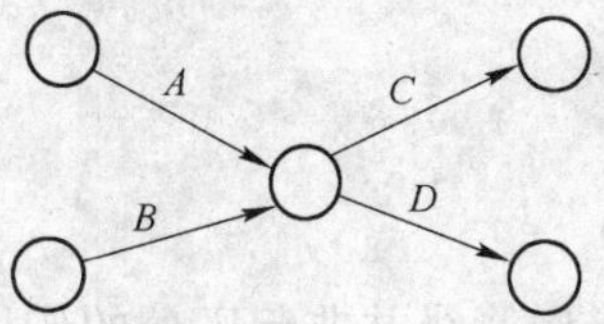

图2-17　不需用虚工作的情形(1)

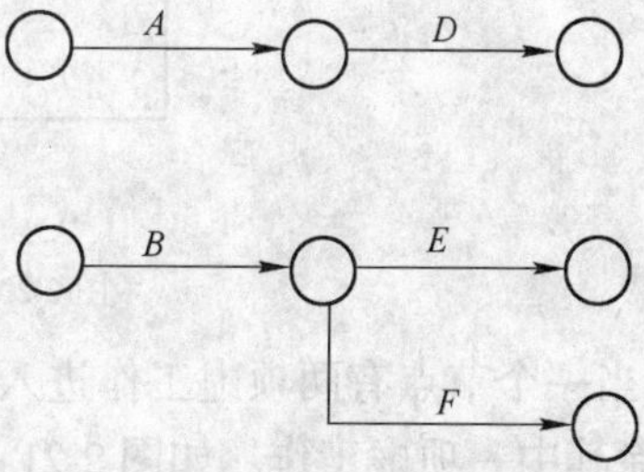

图2-18　不需用虚工作的情形(2)

3)虚箭线方向的确定

在明确了需采用虚工作后,虚箭线的方向可按以下原则确定:

若两工作 A、B 有相同的紧后工作 D,A 又有不相同紧后工作 C(假设 C 只是 A 的紧后工作),则虚箭线方向应从具有不相同的紧后工作 C 的工作 A 的完成节点指向它们相同的紧后

工作 D 的开始节点。

如图 2-15 中，虚箭线的方向由 A 的箭头节点指向 D 的开始节点。

一般地，绘制网络图时，按上述方法能准确决定虚工作的数量、位置和方向。但是，实际应用的网络图常常存在多余的虚工作。多余的虚工作不仅增大了绘制网络图和计算网络计划的工作量，也使网络计划变得更复杂，造成使用不便，应尽量删除。可能是可删除的虚工作主要有以下两种情况：

(1)如果虚工作是进入某个节点和从某个节点发出的惟一箭线，只要这条箭线并非起区分的作用，一般可将这项虚工作删除。如图 2-19a)中，⑥→⑦可删除，应改为图 2-19b)。

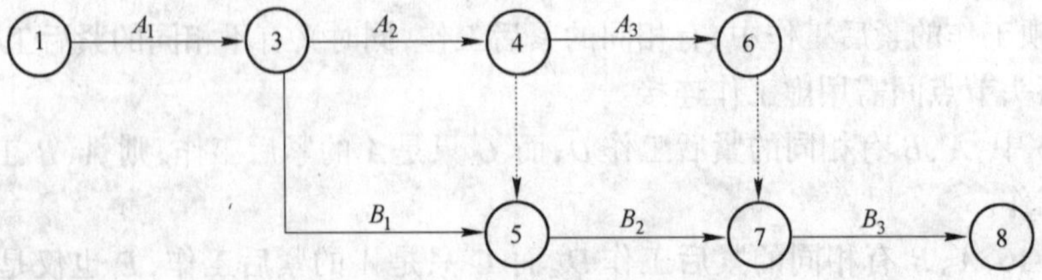

a)

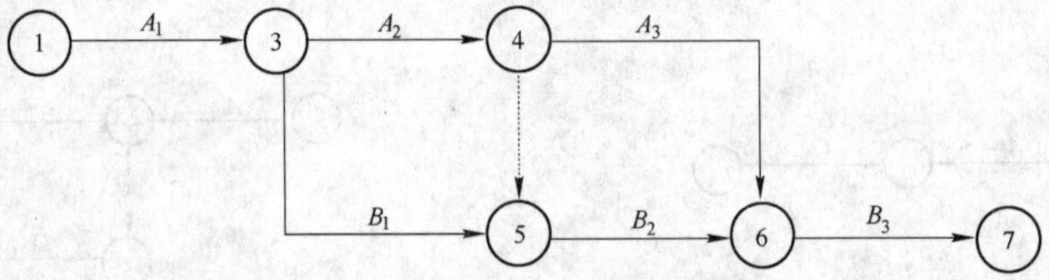

b)

图 2-19　可删除虚工作的情形(1)

而图 2-20 中的虚工作④→⑤起区分 B、C 的作用，则不能删除。

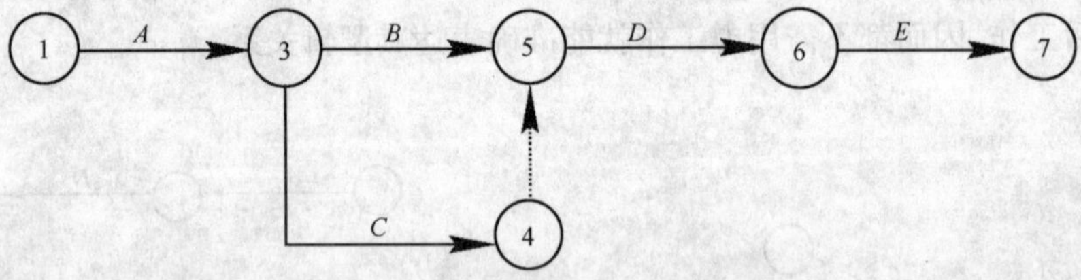

图 2-20　虚工作不可删除的情形(1)

(2)当一个节点有两项虚工作进入和发出时，只要这两条虚箭线并非起区分的作用，则一般可删除其中一项虚工作。如图 2-21a)中，虚工作③→⑤可删除，见图 2-21b)。图 2-22 中的虚工作则均不能删除。

4)应用示例

已知 A 的紧后工作为 D、E、F，B 的紧后工作为 E、F，C 的紧后工作为 F。A、B 工作相比较，有相同紧后工作 E、F，只 A 有不同的紧后工作 D。则应有一虚工作由 A 指向 E、F；又 B、C 两工作相比，有相同紧后工作 F，而 B 后有不同的紧后工作 E，故应有一虚工作由 B 指向 F，画出网络图如图 2-23 所示。

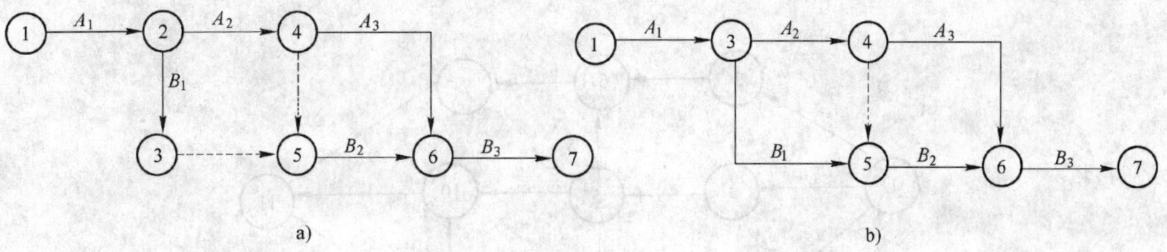

图 2-21　可删除虚工作的情形(2)

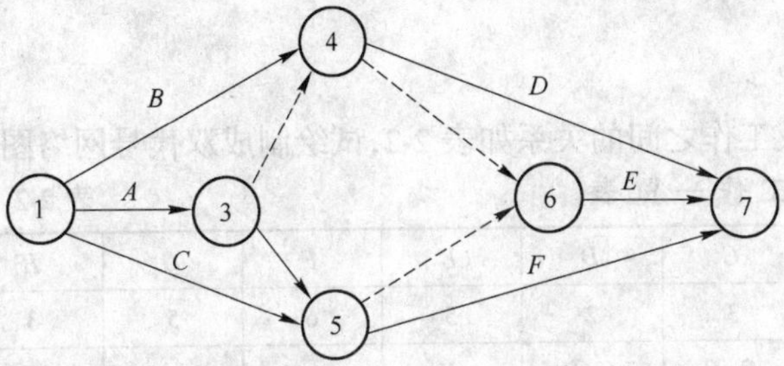

图 2-22　虚工作不可删除的情形(2)

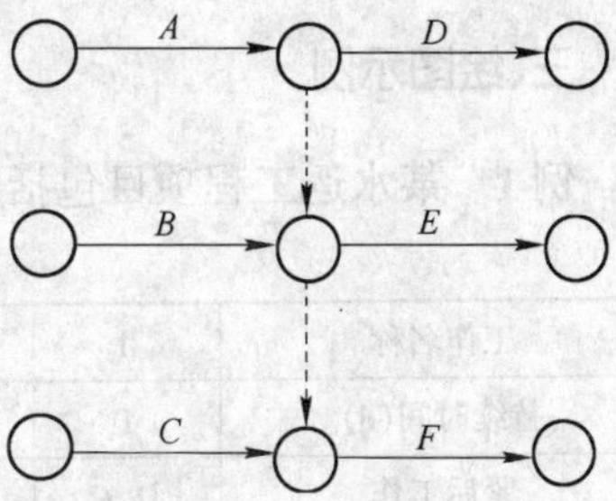

图 2-23　虚工作应用示例

2．网络图的逻辑检查

网络的逻辑检查包括两个方面：一是检查绘制的网络图是否满足逻辑准则的要求(如是否有循环闭合回路等)，这一点一般的网络计划软件都能做；二是检查实际施工工序之间的相互关系是否有错，如果网络本身逻辑关系正确无误，这种错误就很难用计算机软件检查，必须靠人工完成。

3．形成正式网络图

绘制成正式网络图时，应注意如下几点：

1)构图应清晰醒目，层次分明，疏密适度，布局合理，书写工整。

2)必须突出重点，关键线路应尽可能画在中心位置，非关键路线则分别布置在其上方或下方，并用黑粗线或双箭线来突出表示关键线路。

3)箭线宜画成水平或竖直直线，最好不要画成任意方向，必要时可画成带斜线段或竖直线段的水平箭线。

4)网络图中不可避免的交叉箭线，必须采用“过桥”画法或指向画法。

5)对规模较大的网络图，可按某种共性先绘制出各局部网络图，然后进行拼接。

4．节点编号

正式网络图形成后，应给每个节点编号。一项工作可用节点的代号表示，如 A 工作可用 $i-j$表示等等。原则上编号只要不重复即可，其他方面可以任意。不过，为了计算方便和便于发现循环回路，编号最好从小到大依次进行，即保证对任何一项工作，满足完成节点号大于开始节点号(即 $j>i$)的要求。另外，为考虑今后增添工作的需要，编号可不必连续，在网络图的适当部位留有增添号码的余地。

按照完成节点号大于开始节点号的要求对网络图节点编号的顺序是：先对网络图的起点节点编号，在对网络图的其他节点编号时，必须在该节点的全部紧前节点均已编号后，才能编号(如图 2-24)。

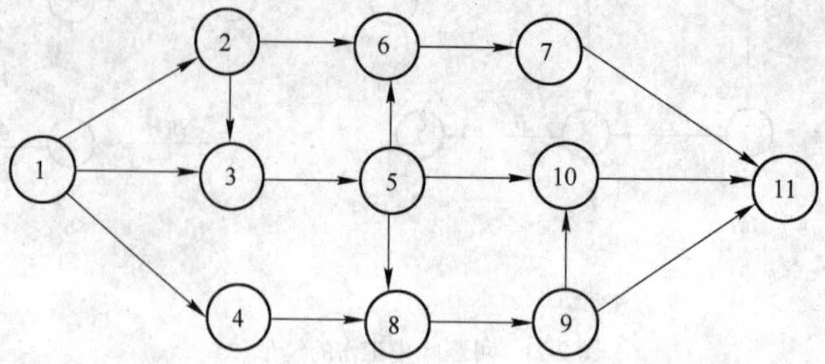

图 2-24　网络图的节点编号

三、绘图示例

例 1　某水运工程项目包括的工作及工作之间的关系如表 2-2,试绘制成双代号网络图。

工 作 一 览 表

表 2-2

工作名称	*A*	*B*	*C*	*D*	*E*	*F*	*G*	*H*
持续时间(d)	1	5	3	2	5	6	5	3
紧后工作	*D*,*C*	*E*,*F*	*E*,*F*	*G*,*H*	*H*	*G*,*H*	/	/

解　(1)分析表 2-2 的逻辑关系,找出网络图的开始工作,先将开始工作画出。由于表 2-2 给出的是一项工作与其紧后工作的逻辑关系,而在紧后工作一行中没有 *A*、*B* 工作,故 *A*、*B* 工作即为本网络图的开始工作。

(2)从 *A*、*B* 工作开始,按照表 2-2 的逻辑关系,依次逐步"生长"紧后工作。生长紧后工作的开始节点称为"生长点",刚生长出来的紧后工作称为"新枝"。新枝如果还有紧后工作,那么它的完成节点就是新的生长点……,直到所有新枝不再有紧后工作,没有新的生长点产生时,最后集中到网络图的终点节点。

从生长点产生新枝的关键是虚工作的应用。如图 2-25a)中,*A* 的紧后工作有 *D*、*C*,*B* 的紧

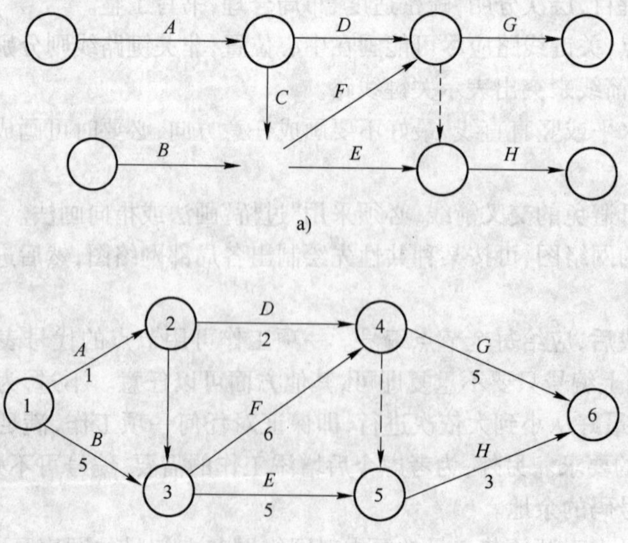

图 2-25　按表 2-2 关系绘制双代号网络图

后工作有 E、F，C 的紧后工作有 E、F 均可直接生成；但 F 的紧后工作有 G、H 则不能直接生成。因为比较 E、F 与其紧后工作的关系可知，应该有一项虚工作从具有不相同的紧后工作 G 的工作 F 的完成节点指向它们相同的紧后工作 H。

(3)检查图 2-25a)中的逻辑关系是否正确，将 A、B 的开始节点合并，将 G、H 的完成节点合并，对图形进行整理后形成正式网络图，然后对节点编号，即完成双代号网络图绘制，如图 2-25b)所示。

例 2 试按表 2-3 的逻辑关系绘制双代号网络图。

工作一览表 表 2-3

工作代号	A	B	C	D	E	F	G	H	I	J
紧前工作	—	—	A	A	B、C	C、D	E	E、F	G	H、I
工作时间(d)	3	5	4	2	6	5	3	2	4	3

解 (1)分析表 2-3 的逻辑关系，先将网络图的开始工作画出。由于表 2-3 给出的是一项工作与其紧前工作的逻辑关系，故无紧前工作的 A、B 即为本网络图的开始工作。

(2)从 A、B 工作开始，按照表 2-3 的逻辑关系，依次逐步"生长"紧后工作。C、D 的紧前工作为 A，即 C、D 为 A 的紧后工作，可直接生长。E 的紧前工作为 B、C，F 的紧前工作为 C、D，由于它们有共同的紧前工作 C，又分别有不同的紧前工作 B 和 D，因而应有一根虚箭线将 D 和 E 断开，也应有一根虚箭线将 B 和 F 断开，如图 2-26a)所示。

(3)G 的紧前工作为 E，即 G 为 E 的紧后工作可直接生长，H 的紧前工作有 E、F 必须有一根虚箭线将 E 和 H 连接起来，如图 2-26b)所示。

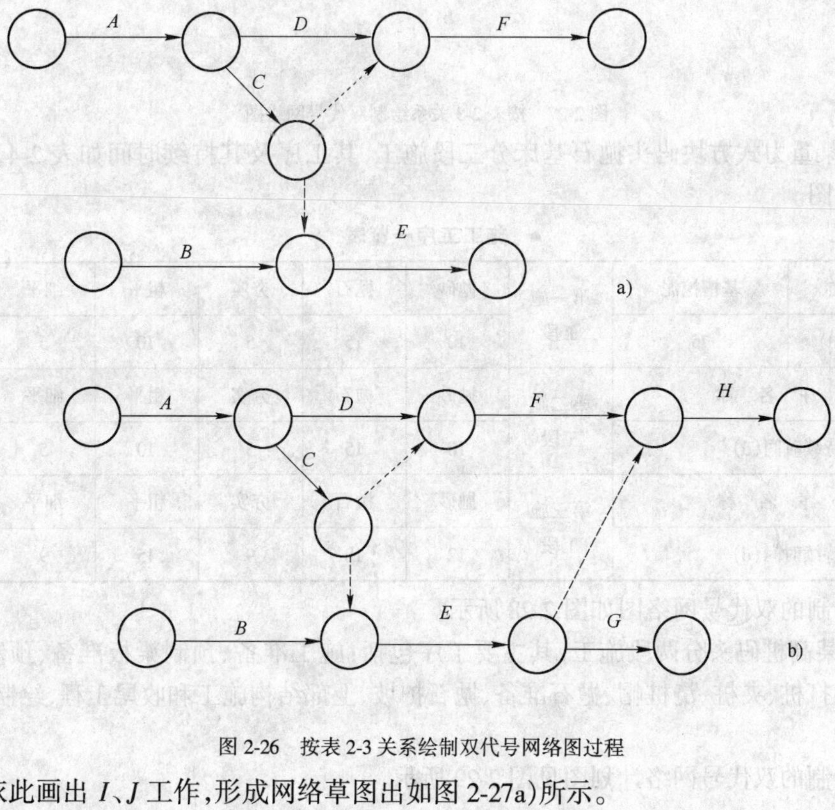

图 2-26 按表 2-3 关系绘制双代号网络图过程

(4)依此画出 I、J 工作，形成网络草图出如图 2-27a)所示。

(5)整理后，给节点编号，形成正式网络图如图 2-27b)。

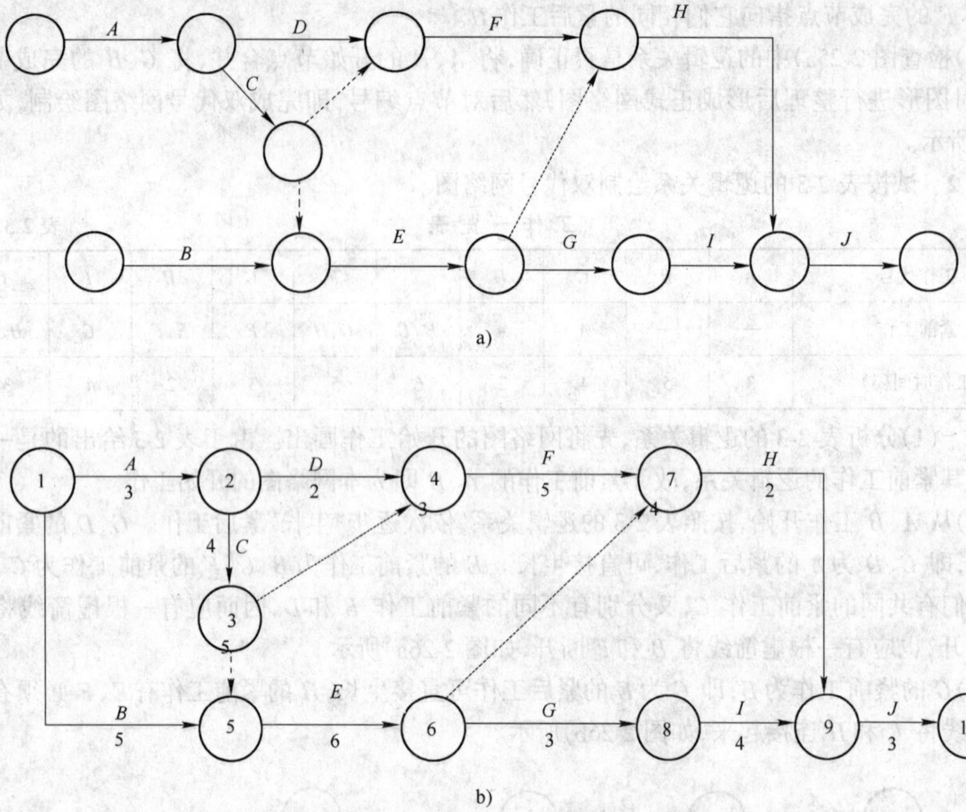

图 2-27　按表 2-3 关系绘制双代号网络图

例 3　某重力式方块码头抛石基床分三段施工，其工序及其持续时间如表 2-4，试绘制成双代号网络图。

施工工序一览表　　表 2-4

工 序 名 称	基槽挖泥	第一施工段	抛砂	抛石	夯实	粗平	细平	极细平
持续时间(d)	75		10	15	5	10	5	5
工 序 名 称		第二施工段	抛砂	抛石	夯实	粗平	细平	极细平
持续时间(d)			10	15	5	10	5	5
工 序 名 称		第三施工段	抛砂	抛石	夯实	粗平	细平	极细平
持续时间(d)			12	18	9	15	9	6

解　绘制的双代号网络图如图 2-28 所示。

例 4　某高桩码头分两段施工，其主要工序包括：施工准备、预制梁板准备、预制桩、预制梁板、挖泥、打桩、夹桩、浇桩帽、抛石准备、抛石护坡、上部结构施工和收尾工程，绘制其双代号网络计划图。

解　绘制的双代号网络计划图见图 2-29 所示。

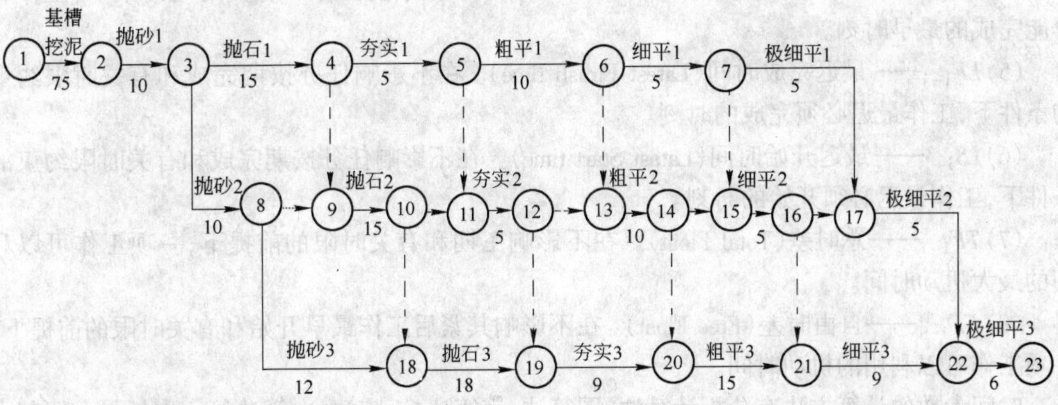

图 2-28　× × 重力式码头基床施工网络计划图

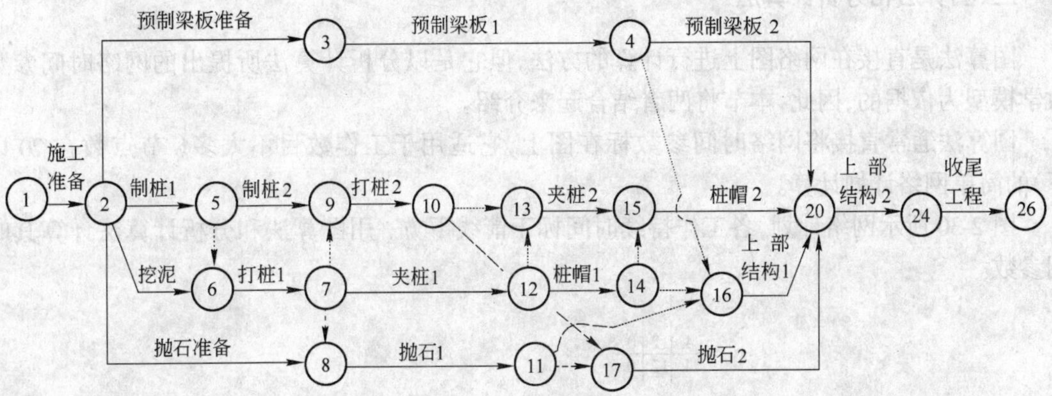

图 2-29　× × 高桩码头施工网络图

第三节　双代号网络计划时间参数的计算

一、网络计划的时间参数

如果说网络图的建立是确定一项计划的定性指标，那么网络计划的计算则是对这项计划的定量描述。网络计划计算的目的在于确定图上各项工作和各个事件的时间参数，找出关键线路和关键工作，为网络计划的执行、控制、调整和优化提供必要的时间依据。计算的内容主要包括：

(1) ET_i——事件最早时间(Earliest event Time)。它表明该事件后各工作的最早可能开始时间。

(2) LT_j——事件最迟时间(Latest event Time)。它表明该事件前各工作的最迟必须完成时间。

(3) ES_{i-j}——最早开始时间(Earliest Start time)。在紧前工作和有关时限约束下，工作有可能开始的最早时刻。

(4) EF_{i-j}——最早完成时间(Earliest Finish time)。在紧前工作和有关时限约束下,工作有可能完成的最早时刻。

(5) LF_{i-j}——最迟完成时间(Latest Finish time)。在不影响任务按期完成和有关时限约束的条件下,工作最迟必须完成的时刻。

(6) LS_{i-j}——最迟开始时间(Latest Start time)。在不影响任务按期完成和有关时限约束的条件下,工作最迟必须开始的时刻。

(7) TF_{i-j}——总时差(Total Float)。在不影响工期和有关时限的前提下,一项工作可以利用的最大机动时间。

(8) FF_{i-j}——自由时差(Free Float)。在不影响其紧后工作最早开始和有关时限的前提下,一项工作可以利用的机动时间。

时间参数的计算方法有分析计算法、图算法、表算法、矩阵法、电算法等。本教材介绍其中的分析计算法和图算法、表算法。

二、图算法和分析计算法

图算法是直接在网络图上进行计算的方法,但它是以分析计算法所提出的网络时间参数数学模型为依据的,因此,本节将两者结合起来介绍。

图算法通常直接将网络时间参数标在图上,它适用于工作数目不太多(节点数在 20 以下)的简单网络计划计算。

图 2-30 所示网络计划,各工作持续时间标于箭线下方,用图算法和分析计算法计算其时间参数。

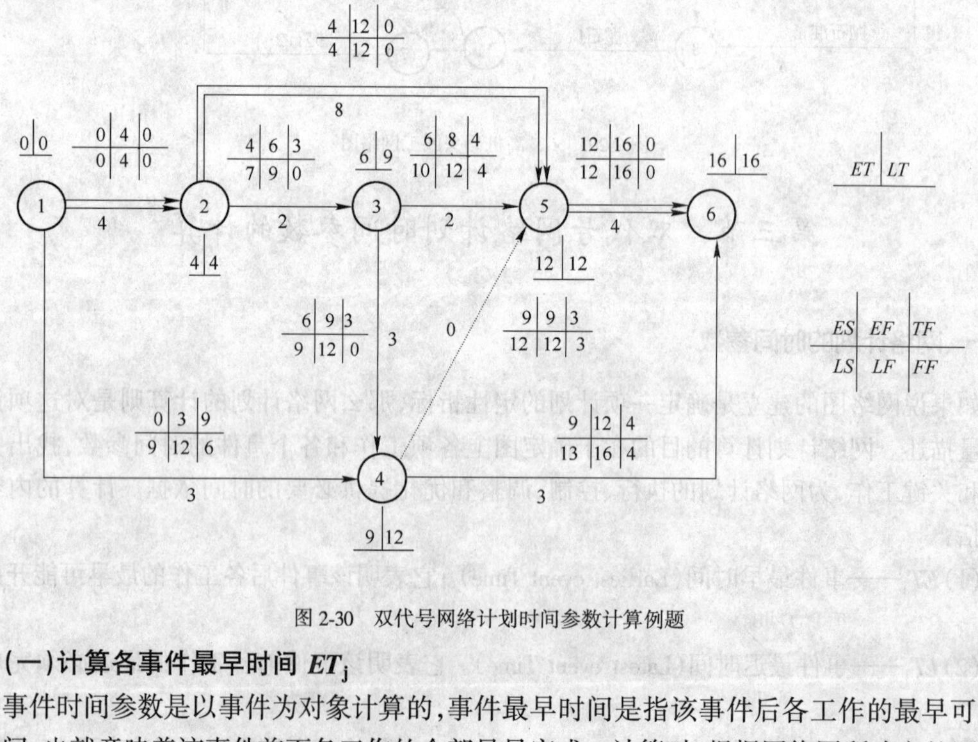

图 2-30 双代号网络计划时间参数计算例题

(一)计算各事件最早时间 ET_j

事件时间参数是以事件为对象计算的,事件最早时间是指该事件后各工作的最早可能开始时间,也就意味着该事件前面各工作的全部最早完成。计算时,根据网络图所确定的顺序关系,按照事件编号从起点事件起依次进行。由于计划从相对时间零天开始,因此,起点事件的

最早时间为零,即:

$$ET_1 = 0 \tag{2-3}$$

式中:ET_1——起点事件1的最早时间。

其他中间事件及终点事件的最早时间,则从事件的紧前事件算起,顺各线路段到达该事件,将紧前事件的最早时间加上各线路段上持续时间之和的最大值,即为该事件的最早时间。由此可得最早时间的计算公式:

$$ET_j = \max\{ET_i + D_{i-j}\} \quad (1 \leqslant i < j \leqslant n) \tag{2-4}$$

式中:ET_j——事件 j 的最早时间;

ET_i——事件 i 的最早时间;

D_{i-j}——工作 $i-j$ 的持续时间。

应用式(2-4)计算事件最早时间,从起点事件开始,定 $ET_1=0$,然后顺箭线方向逐一算至终点事件,任一事件的最早时间等于该事件的各紧前事件的最早时间,分别加上相应工作持续时间和的最大值。由图2-30计算如下:

$ET_1 = 0$;

$ET_2 = ET_1 + D_{1-2} = 4$;

$ET_3 = ET_2 + D_{2-3} = 6$;

$ET_4 = \max\{ET_1 + D_{1-4}, ET_3 + D_{3-4}\} = \max\{0+3=3, 6+3=9\} = 9$;

$ET_5 = \max\{ET_2 + D_{2-5}, ET_3 + D_{3-5}, ET_4 + D_{4-5}\} = \max\{4+8=12, 6+2=8, 9+0=9\} = 12$;

$ET_6 = \max\{ET_4 + D_{4-6}, ET_5 + D_{5-6}\} = \max\{9+3=12, 12+4=16\} = 16$。

按(2-4)原理用图算法计算时,先将起点事件最早时间定为0。对网络中的任一事件(除起点事件外的其他事件)的最早时间计算,先在图上找出该事件的所有紧前事件,将这些紧前事件各自的最早时间加上相应的工作持续时间,取其和的最大值即为所求事件的最早时间。依此算至终点事件,即完成全部事件最早时间的计算。对图2-30网络进行计算,其结果标于图中相应位置。用图算法计算事件最早时间可归结为八个字:“沿线累加,逢圈取大”。“沿线累加”是指从网络的起点事件开始,沿着能到达所计算事件的每条线路将各工作的持续时间累加起来;“逢圈取大”是指在每一圆圈(事件)处取到达该圆圈的各条线路累计时间的最大值。

(二)计算各事件最迟时间 LT_i

事件最迟时间是该事件前各工作的最迟必须完成时间。计算时,从终点事件起,按照事件编号逆向进行。当工期有要求时,终点事件最迟时间等于要求工期;当工期没有规定时,终点事件最迟时间就等于计算工期(即终点事件最早时间)。因此

$$LT_n = \begin{Bmatrix} PT & \text{有要求工期 } PT \text{ 时} \\ ET_n & \text{无工期要求时} \end{Bmatrix} \tag{2-5}$$

式中:LT_n——网络图终点事件最迟时间;

PT——要求工期。

其他事件的最迟时间的算法,则从该事件的紧后事件算起,逆线路段到达该事件,将各紧后事件的最迟时间减去相应线路段上工作的持续时间,取其差的最小值,其计算公式为:

$$LT_i = \min\{LT_j - D_{i-j}\} \quad (1 \leqslant i < j \leqslant n) \tag{2-6}$$

式中:LT_i——i 事件最迟时间;

LT_j——j 事件最迟时间。

应用式(2-6)计算时，应按式(2-5)确定出 LT_n，然后按事件编号从大到小逐一算至起点事件为止。每次计算时，从网络逻辑关系中搜索其紧后各事件，将紧后各事件的最迟时间分别减去相应工作持续时间之差的最小值，即为所计算事件的最迟时间。对图 2-30 计算如下：

$LT_6 = LT_{终点} = ET_6 = 16;$

$LT_5 = LT_6 - D_{5-6} = 16 - 4 = 12;$

$LT_4 = \min\{LT_6 - D_{4-6}, LT_5 - D_{4-5}\} = \min\{16 - 3 = 13, 12 - 0 = 12\} = 12;$

$LT_3 = \min\{LT_5 - D_{3-5}, LT_4 - D_{3-4}\} = \min\{12 - 2 = 10, 12 - 3 = 9\} = 9;$

$LT_2 = \min\{LT_3 - D_{2-3}, LT_5 - D_{2-5}\} = \min\{9 - 2 = 7, 12 - 8 = 4\} = 4;$

$LT_1 = \min\{LT_2 - D_{1-2}, LT_4 - D_{1-4}\} = \min\{4 - 4 = 0, 12 - 3 = 9\} = 0$。

按式(2-6)原理用图算法计算时，先根据是否有要求工期定出终点事件的 LT_n，然后由终点的紧前事件开始，逆箭线方向逐一算至起点事件为止。每个事件计算时，取其紧后各事件的最迟时间分别减去相应工作持续时间之差的最小值，填入网络图中对应于该事件最迟时间的位置，如图 2-30 所示。

用图算法计算事件最迟时间也可归结为八个字："逆线累减，逢圈取小"。"逆线累减"是指从网络的终点事件起逆着每条线路将计划工期依次减去各工作的持续时间；"逢圈取小"是要求在每一圆圈处取其后续线路累减时间的差的最小值。

(三)计算最早开始时间 ES_{i-j} 和最早完成时间 EF_{i-j}

工作的最早开始时间是在领先于它的紧前工作创造出一定的条件之后，该工作有可能开始的最早时间，而该工作的紧前事件的最早时间正好说明开工条件已经具备，因此：

$$ES_{i-j} = ET_i \tag{2-7}$$

式中：ES_{i-j}——$i-j$ 工作的最早开始时间。

若一项工作以其"最早开始时间"开始，经过完成该项工作所需的持续时间以后完成，这个完成的时刻就叫做它的"最早完成时间"，由此可得：

$$EF_{i-j} = ES_{i-j} + D_{i-j} \tag{2-8}$$

式中：EF_{i-j}——$i-j$ 工作的最早完成时间。

对图 2-30 网络图计算如下：

$ES_{1-2} = ET_1 = 0;$　　$ES_{1-4} = ET_1 = 0;$

$ES_{2-3} = ET_2 = 4;$　　$ES_{2-5} = ET_2 = 4;$

$ES_{3-4} = ET_3 = 6;$　　$ES_{3-5} = ET_3 = 6;$

$ES_{4-5} = ET_4 = 9;$　　$ES_{4-6} = ET_4 = 9;$

$ES_{5-6} = ET_5 = 12$

$EF_{1-2} = ES_{1-2} + D_{1-2} = 0 + 4 = 4;$　$EF_{1-4} = ES_{1-4} + D_{1-4} = 0 + 3 = 3;$

$EF_{2-3} = ES_{2-3} + D_{2-3} = 4 + 2 = 6;$　$EF_{2-5} = ES_{2-5} + D_{2-5} = 4 + 8 = 12;$

$EF_{3-4} = ES_{3-4} + D_{3-4} = 6 + 3 = 9;$　$EF_{3-5} = ES_{3-5} + D_{3-5} = 6 + 2 = 8;$

$EF_{4-5} = ES_{4-5} + D_{4-5} = 9 + 0 = 9;$　$EF_{4-6} = ES_{4-6} + D_{4-6} = 9 + 3 = 12;$

$EF_{5-6} = ES_{5-6} + D_{5-6} = 12 + 4 = 16$。

采用图算法计算时，只要将事件的最早时间照抄即得工作的最早开始时间，然后做一简单加法就得最早完成时间，计算结果见图 2-30 所示。

（四）计算最迟完成时间 LF_{i-j} 和最迟开始时间 LS_{i-j}

在项目工期已定的情况下，任何一项工作必定有一个受到这个工期限制的、必须完工的最迟时间。如果该项工作的完工时间不超过这个时间，就不会使后续工作及工程工期受到它的影响而推迟。这个时间就是该项工作的“最迟完成时间”，而按照事件最迟时间的定义，这样一个最迟完成时间应该等于其紧后事件的最迟时间，即：

$$LF_{i-j} = LT_j \tag{2-9}$$

式中：LF_{i-j}——$i-j$ 工作的最迟完成时间。

对应于一项工作的“最迟完成时间”的开工时间，就是该项工作的“最迟开始时间”，即：

$$LS_{i-j} = LF_{i-j} - D_{i-j} \tag{2-10}$$

对图 2-30 计算如下：

$LF_{5-6} = LT_6 = 16$；　$LF_{4-6} = LT_6 = 16$；

$LF_{4-5} = LT_5 = 12$；　$LF_{3-5} = LT_5 = 12$；　$LF_{2-5} = LT_5 = 12$；

$LF_{3-4} = LT_4 = 12$；　$LF_{2-3} = LT_3 = 9$；

$LF_{1-4} = LT_4 = 12$；　$LF_{1-2} = LT_2 = 4$。

$LS_{5-6} = LF_{5-6} - D_{5-6} = 16 - 4 = 12$；　$LS_{4-6} = LF_{4-6} - D_{4-6} = 16 - 3 = 13$；

$LS_{4-5} = LF_{4-5} - D_{4-5} = 12 - 0 = 12$；　$LS_{3-5} = LF_{3-5} - D_{3-5} = 12 - 2 = 10$；

$LS_{3-4} = LF_{3-4} - D_{3-4} = 12 - 3 = 9$；　$LS_{2-5} = LF_{2-5} - D_{2-5} = 12 - 8 = 4$；

$LS_{2-3} = LF_{2-3} - D_{2-3} = 9 - 2 = 7$；　$LS_{1-4} = LF_{1-4} - D_{1-4} = 12 - 3 = 9$；

$LS_{1-2} = LF_{1-2} - D_{1-2} = 4 - 4 = 0$。

采用图算法时，只要将节点的 LT_i 抄于工作 $i-j$ 的 LF_{i-j} 处，然后作一简单减法即可得 LS_{i-j}，如图 2-30 所示。

（五）计算总时差 TF_{i-j}

工作的总时差是在不影响工期的前提下，一项工作可以利用的机动时间。从图 2-30 已计算出的时间参数中可以看出，在计算工期不变的条件下，有些工作的 ES_{i-j}（或 EF_{i-j}）与 LS_{i-j}（或 LF_{i-j}）之间存在一定差值，只要工作 $i-j$ 的开始时间在此范围内变动，则对总工期没有影响；而工作开始时间的变动超过此范围，则肯定会影响工期。因此，这个差值就是工作的总时差 TF_{i-j}，即：

$$TF_{i-j} = LS_{i-j} - ES_{i-j} = LF_{i-j} - EF_{i-j} \tag{2-11}$$

式中：TF_{i-j}——$i-j$ 工作的总时差。

从式(2-11)可看出，一项工作的总时差实际上也是在不影响其紧后工作按最迟开始时间开工的前提下，该工作可以利用的机动时间。

图 2-30 各工作的 TF_{i-j} 计算如下：

$TF_{1-2} = LS_{1-2} - ES_{1-2} = 0 - 0 = 0$；　$TF_{1-4} = LS_{1-4} - ES_{1-4} = 9 - 0 = 9$；

$TF_{2-3} = LS_{2-3} - ES_{2-3} = 7 - 4 = 3$；　$TF_{2-5} = LS_{2-5} - ES_{2-5} = 4 - 4 = 0$；

$TF_{3-4} = LS_{3-4} - ES_{3-4} = 9 - 6 = 3$；　$TF_{3-5} = LS_{3-5} - ES_{3-5} = 10 - 6 = 4$；

$TF_{4-5} = LS_{4-5} - ES_{4-5} = 12 - 9 = 3$；　$TF_{4-6} = LS_{4-6} - ES_{4-6} = 13 - 9 = 4$；

$TF_{5-6} = LS_{5-6} - ES_{5-6} = 12 - 12 = 0$。

图算法结果见图 2-30。

(六)计算自由时差 FF_{i-j}

自由时差 FF_{i-j}是指一项工作完成后,在不影响其紧后工作按最早开始时间开始的前提下,该项工作可以利用的机动时间的最大值。而一项工作只要能保证其完成事件按最早时间 ET_i 发生,就肯定能保证其紧后工作按最早开始时间开始。从而有:

$$FF_{i-j} = ET_j - EF_{i-j} \tag{2-12}$$

式中:FF_{i-j}——$i-j$ 工作的自由时差。

图 2-30 各工作的 FF_{i-j}计算如下:

$FF_{1-2} = ET_2 - EF_{1-2} = 4 - 4 = 0$; $FF_{1-4} = ET_4 - EF_{1-4} = 9 - 3 = 6$;

$FF_{2-3} = ET_3 - EF_{2-3} = 6 - 6 = 0$; $FF_{2-5} = ET_5 - EF_{2-5} = 12 - 12 = 0$;

$FF_{3-4} = ET_4 - EF_{3-4} = 9 - 9 = 0$; $FF_{4-6} = ET_6 - EF_{4-6} = 16 - 12 = 4$;

$FF_{5-6} = ET_6 - EF_{5-6} = 16 - 16 = 0$。

图算法结果标于图 2-30。

(七)确定关键工作和关键线路

1. 关键工作

网络计划中总时差最小的工作为关键工作。如果没有工期规定,则关键工作的 TF_{i-j}为 0。图 2-30 中,工作①→②、②→⑤、⑤→⑥的总时差 $TF=0$,它们都是关键工作。

其余工作则为非关键工作。

2. 关键线路

网络计划中,自起点事件至终点事件全由关键工作组成的线路为关键线路。实际上它也是网络计划中线路上工作总持续时间最长的线路。一个网络计划中,可能存在一条或多条关键路线,关键线路是网络计划实施中的控制重点。图 2-30 中,自起点事件① 将 $TF_{i-j}=0$ 的工作依次连接起来直至终点事件⑥所形成的线路①→②→⑤→⑥(图中用双线表示)即为一条关键线路。

网络计划中,除关键线路外的其他线路都是非关键线路,非关键线路的重要程度也各有不同,有些非关键线路其线路上工作总持续时间与关键线路非常接近(线路时差很少),这样的非关键线路称为次关键线路。网络计划实施过程中,由于环境或计划自身的变化,次关键线路最有可能转变为关键线路,所以在计划实施中也应严密注视次关键线路。

(八)总时差 TF_{i-j}与自由时差 FF_{i-j}的关系

从图 2-31 中可以看出,某些工作的总时差与其自由时差是相互关联的。也就是说,动用本工作的自由时差不会影响紧后工作的最早开始时间,而在本工作总时差范围内动用机动时间(时差)若超过本工作自由时差范围,则会相应减少后续工作拥有的时差,并会引起该工作所在线路上所有后续非关键工作,以及与该线路有关的其他非关键工作时差的重新分配。如上例中(图 2-30)①→④→⑥线路,其中 $FF_{1-4}=6$, $FF_{4-6}=4$。若工作①→④动用机动时间为 4(小于 6),则对后续各工作的最早开始时间和时差均无影响;若工作①→④动用机动时间为 8(大于 6,超过 FF_{1-4}),则会引起④→⑥的自由时差减少 2,即④→⑥的自由时差调整为 $FF_{4-6}=4-2=2$,总时差也相应调整为 $TF_{4-6}=4-2=2$。由于事件④的时间参数有所变化,因而也引起紧后虚工作④→⑤的时差调整:$FF_{4-5}=3-2=1$, $TF_{4-5}=3-2=1$。此例明确地表明了 TF_{i-j}与 FF_{i-j}间的关系。

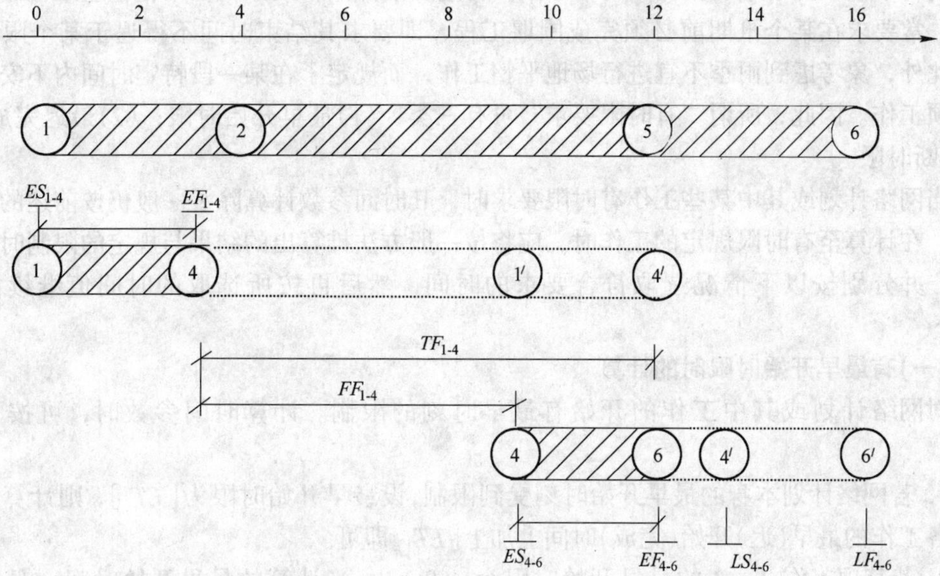

图 2-31　自由时差与总时差的关系

工作的总时差和自由时差具有如下性质：

(1)总时差不为某个工作所专有而与前后工作有关，它为一条线路(或线段)所共有；自由时差虽也不为某个工作所专有，但利用自由时差对后续工作没有影响；

(2) $FF_{i-j} \leqslant TF_{i-j}$。对无工期要求的网络计划，若 $TF_{i-j}=0$，则 $FF_{i-j}=0$；

(3) 对无工期要求的网络计划，以关键线路上的事件为紧后事件的工作，则有：$TF_{i-j}=FF_{i-j}$；

(4) 对无工期要求的网络计划，$TF_{i-j}=0$ 的工作即为关键工作，由于关键线路上各工作的时差均为零，则关键线路的长度必然决定计算工期。

(5)为了从理论上理解 TF_{i-j} 与 FF_{i-j} 间的关系，这里引入另外两个时差的概念：

①相关时差 DF_{i-j}(Dependent Float)——工作 $i-j$ 可以与紧后工作共同利用的机动时间。计算公式为：

$$DF_{i-j} = TF_{i-j} - FF_{i-j} \tag{2-13}$$

②独立时差 IF_{i-j}(Independent Float)——为工作 $i-j$ 工作所独有而其前后工作均不可能利用的机动时间。计算公式为：

$$IF_{i-j} = \max\{0, ET_j - (LT_i + D_{i-j})\} \tag{2-14}$$

在实际工作中，应用时差具有重要意义。时差的应用主要有两个方面：

(1)组织均衡施工。由于非关键工作具有时差，在时差范围内改变非关键工作的开始和完成时间，从而调整逐日的资源需用量，以达到均衡施工的目的。

(2)合理赶工。由于决定工期的是关键工作，它不能耽搁，而非关键工作在时差范围内延误不影响工期。由此可利用时差充分调动非关键工作的人力、物力资源来确保关键工作的加快或按期完成，从而使总工期目标得以实现。

三、有时限要求的时间参数计算

在编制项目施工网络计划时，有时会遇到某些特定的时间限制。例如，由于某种设备到货日期的限制，要求某项工作不得早于某一特定日期开始；又如，在渠化枢纽工程或桥梁工程中，常要求在某个汛期前必须完成围堰工程，即要求其结束时间不得迟于某个限定的日期。此外，象考虑到雨季不宜进行场地平整工作，而规定了在某一段特定时间内不安排或中断该项工作。因此，所谓“有时限要求”可有三类：(1)最早开始时限；(2)最迟完成时限；(3)中断时限。

当网络计划或其中某些工作有时限要求时，其时间参数计算除了一般仍按前述的方法计算外，在计算至有时限规定的工作时，应将按一般方法推算出的结果与规定的限制时间加以比较，并分别按以下情况选取符合要求的时间，然后再按所选取的时间值继续向下推算。

(一)有最早开始时限时的计算

对网络计划或其中工作的开始有最早时刻的限制。计算时间参数时，可按下法处理：

1. 若网络计划本身的最早开始时刻受到限制，设最早开始时限为$[ET_1]$，则计算时只需要在各工作的最早(迟)开始(完成)时间上加上$[ET_1]$即可。

2. 若某项工作 $I-J$ 的最早开始时限为$[ES_{I-J}]$，当计算的最早开始时间 ES'_{I-J}大于$[ES_{I-J}]$时，则取 $ES_{I-J}=ES'_{I-J}$；否则，取 $ES_{I-J}=[ES_{I-J}]$，在此基础上继续计算。

(二)有最迟完成时限时的计算

有最迟完成时限是指对网络计划的结束或其中的工作完成有最迟时刻的限制。计算时间参数时，按下面方法处理：

1. 若网络计划的结束有最迟时刻的限制，设为$[LT_n]$，当网络计划的计算工期 ET_n 小于$[LT_n]$时，则取 $LT_n=ET_n$；否则取 $LT_n=[LT_n]$，在此基础上继续进行时间参数的计算(见本节有要求工期时的时间参数计算)。

2. 若对网络计划中某项工作 $K-L$ 有最迟完成时刻的限制，设为$[LF_{k-L}]$，当计算的最迟完成时间 LF'_{k-L}小于$[LF_{k-L}]$时，则取 $LF_{k-L}=LF'_{k-L}$，否则取 $LF_{k-L}=[LF_{k-L}]$，在此基础上继续计算。

3. 在具有最迟完成时限条件下，工作的自由时差 FF_{i-j}($FF_{i-j}=ET_j-EF_{i-j}$)有可能大于总时差 TF_{i-j}($TF_{i-j}=LS_{i-j}-ES_{i-j}$)，即不满足 $TF_{i-j}\geqslant FF_{i-j}$的规定，为使自由时差既具有不影响其紧后工作的最早开始时间所能利用的机动时间的含义，同时又不与总时差的定义(满足$TF_{i-j}\geqslant FF_{i-j}$)相矛盾，将 FF_{i-j}的计算规定如下：

$$FF_{i-j}=\min\{ET_j-EF_{i-j},TF_{i-j}\} \tag{2-15}$$

(三)有中断时限的工作项目的安排及处理方式

有中断时限意味着在某一段时间内，网络计划或其中的某些工作不允许进行。计算时间参数时，如遇有中断时限的工作，可作如下处理：

(1)将受限制的工作集中安排在规定的中断时限之后进行。这种情况可按“有最早开始时限”的方式处理。

(2)将受限制的工作集中安排在规定的中断时限之前进行，这种情况可按“有最迟完成时限”的方式处理。

(3)若受限制的工作可以允许中断而分段进行时，可以考虑在限制的中断时间段之前进行一部分工作，这部分可按“有最迟完成时限”的方式处理；其余一部分工作则安排在中段时间段之后进行,这部分可按"有最早开始时限"的方式处理。

由此看出,有中断时限仅是最早开始时限和最迟完成时限的具体应用,它并不是独立于两者之外的一种新时限。

(四)例题

试计算图 2-32 所示双代号有时限要求的网络计划时间参数,其中:第二段挖土最早开始时限为$[ES_{2-6}]=5$,第一段回填最迟完成时限为$[LF_{4-8}]=20$。

解 用图上计算法计算

1. 计算 ET_j、ES_{i-j}、EF_{i-j}

(1)无最早开始时限时与一般双代号网络计划的计算相同。

(2)有最早开始时限的计算

$$ES_{2-6}=\max\{[ES_{2-6}],\ ET_2\}=\max\{5,\ 4\}=5$$

(3)以(2)的计算为基础,推算后续工作的 ES_{i-j}、EF_{i-j}和节点的 ET_j。

2. 计算 LT_i、LS_{i-j}、LF_{i-j}

(1)无最迟完成时限的计算,同一般双代号网络计划。

(2)有最迟完成时限的计算:

$$LF_{4-8}=\min\{[LF_{4-8}],\ LT_8\}=\min\{20,\ 22\}=20$$

(3)以(2)的计算为基础推算其先行工作的 LF_{i-j}、LS_{i-j}和节点的 LT_i。

3. 计算 TF_{i-j},同前。

4. 计算 FF_{i-j}:

$$FF_{i-j}=\min\{ET_j-EF_{i-j},TF_{i-j}\}$$

$$FF_{4-8}=\min\{ET_8-EF_{4-8},TF_{4-8}\}$$

$$=\min\{22-15=7,\ 5\}=5$$

其他略。

5. 确定关键线路

找出由总时差最小的工作组成的线路①→②→⑥→⑦→⑧→⑨即为关键线路。

6. 计算结果汇总于图 2-32。

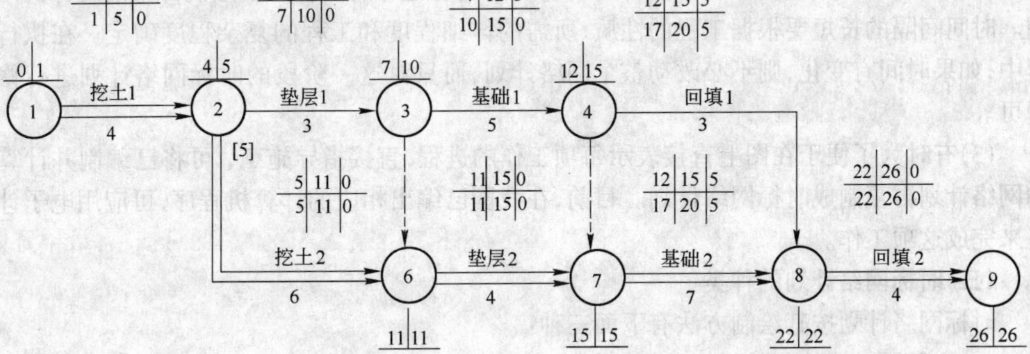

图 2-32 有时限要求的网络计划

第四节　双代号时标网络计划

一、时标网络计划的概念

在前述网络计划中，箭线的长短不代表工作时间的长短，节点的位置在画图时也有很大的任意性，以致看起来不太直观，在工地上使用也颇感不便，不能一目了然地在图上直接看出各项工作的开始和完成时间。

为克服上述之不足，在网络计划中引入一时间坐标，让箭线长短和所在位置表示工作的时间进程，就形成了时标网络计划。

时标网络计划是网络图与横道图的结合，它表达清晰醒目，编制方便。在编制过程中就能看出前后各工作的逻辑关系，因而深受计划管理部门的欢迎。

(一)时标网络计划的特点

(1)时标网络计划既是一个网络计划，又是一个水平进度计划，能够清楚地标明计划的时间进程，便于使用。

(2)时标网络计划在图上直接显示出各项工作的开始与完成时间，工作的自由时差及关键线路。在使用过程中，人们可以随时一目了然地确定哪些工作应该已经完成，哪些工作正在进行以及哪些工作就要开始。

(3)由于时标网络图能清楚地表示出哪些工作需要同时进行，因此可以确定同一时间对材料、机械、设备以及人力的需要量。

(4)当情况发生变化时，比如资源的变动或工期的拖延，就需要对按时间坐标绘制的网络计划进行修改，这对时标网络图来说是比较困难的。因为改变工作持续时间就需要改变箭线的长度和位置，这样就会引起整个网络图的变动。

(二)时标网络计划的应用

(1)编制工作项目较少，并且工艺过程较简单的施工进度计划，可迅速地边绘、边算、边调整。

(2)对于大型复杂的工程，特别是不使用电子计算机时，可以先用时标网络图的形式绘制各分部工程的网络计划，然后再综合起来绘制出较简明的总网络计划。也可以先编制一个总的施工网络计划，以后每隔一段时间，再对下段时间应施工的工程区段绘制详细的时标网络计划。时间间隔的长短要根据工程的性质、所需的详细程度和工程的复杂程度确定。在执行过程中，如果时间有变化，则不必改动整个网络计划，而只对这一阶段的时标网络计划进行修订即可。

(3)有时为了便于在图上直接表示每项工作的进程，直接指导施工，可将已编制并计算好的网络计划再复制成时标网络计划。目前，在我国已编出相应的计算机程序，可应用电子计算机来完成这项工作。

(三)时标网络计划的种类

时标网络计划按其绘制方法有下面三种：

(1)按最早时间绘制的时标网络计划；

(2)按最迟时间绘制的时标网络计划；

(3)按一般时间绘制的时标网络计划。

上述三种时标网络计划中,又以按最早时间绘制和按一般时间绘制的应用较多。

(四)时间坐标的表示方法

在时标网络计划中,时间坐标应标注在图纸的顶部和底部,表2-5所例,图面较小时也可只在顶部标注。时间坐标可采用相对时间,也可采用日历时间。时间坐标中的时间单位可根据需要在编制网络计划之前确定,可以是分、小时、天、周、月、季、年等。

时间坐标画法示例 表2-5

时间(时间单位)	1	2	3	4	5	6	7	8	9	…
		网				络			图	
时间(时间单位)	1	2	3	4	5	6	7	8	9	…

二、双代号时标网络计划的绘制

(一)按最早时间绘制双代号时标网络计划

1. 绘制步骤

(1)计算网络计划中各事件最早时间。

(2)根据终点事件的 ET_n 确定时间坐标的范围和刻度,画出有横向坐标的表格。

(3)在有横向坐标的表格上按事件最早时间确定各节点的位置。

(4)按各项工作的持续时间长短,绘制相应工作的实线部分。工作箭线由开始节点出发,一般沿着水平方向画,箭线两端之间的长度就是按比例表示的该项工作的持续时间,如果箭线倾斜绘制,则持续时间按水平投影长度计算。

(5)用水平波线(或虚线)把实线部分与工作的完成节点连接起来,两线连接处要加一小圆点标明,波形线部分的水平投影长度就是该项工作的自由时差。

(6)两项工作之间的关系,如果需要加虚工作连接时,用垂直虚线连接或用斜向(或弯折)虚线连接。

(7)自终点节点开始逆箭线方向,将没有波线的工作用较粗实线连接起来,一直连到起点节点所形成的线路,即为关键线路。

(8)对工期较长的项目,在时标网络图的工作箭线上,标注出工作持续时间和工作名称或代号。

2. 绘制示例

如图2-33双代号网络计划,试按最早时间绘制成时标网络计划。

绘图结果见图2-34。

3. 不计算时间参数,直接绘制

由于计算时间参数的过程较烦,对工作数较少,工艺过程较简单的施工项目的网络计划,也可不计算时间参数而直接绘制时标网络计划。

在绘制时要注意以下几点:

(1)在定各节点的位置时,一定要在所有指向该节点的箭线全画完以后才能最后确定该节点的位置。

(2)每项工作的实箭线长度,必须严格按其持续时间来画,如与紧后工作的开始节点还有

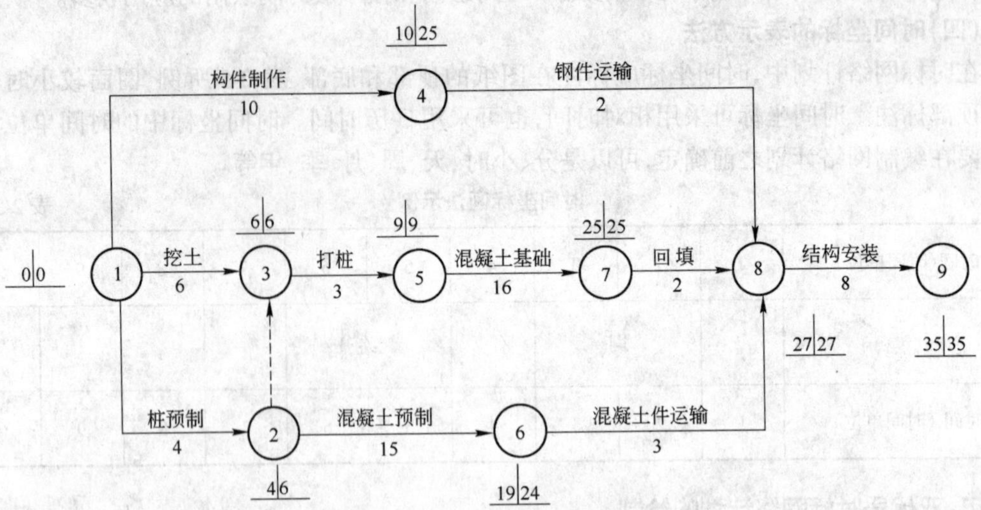

图 2-33 原始网络图

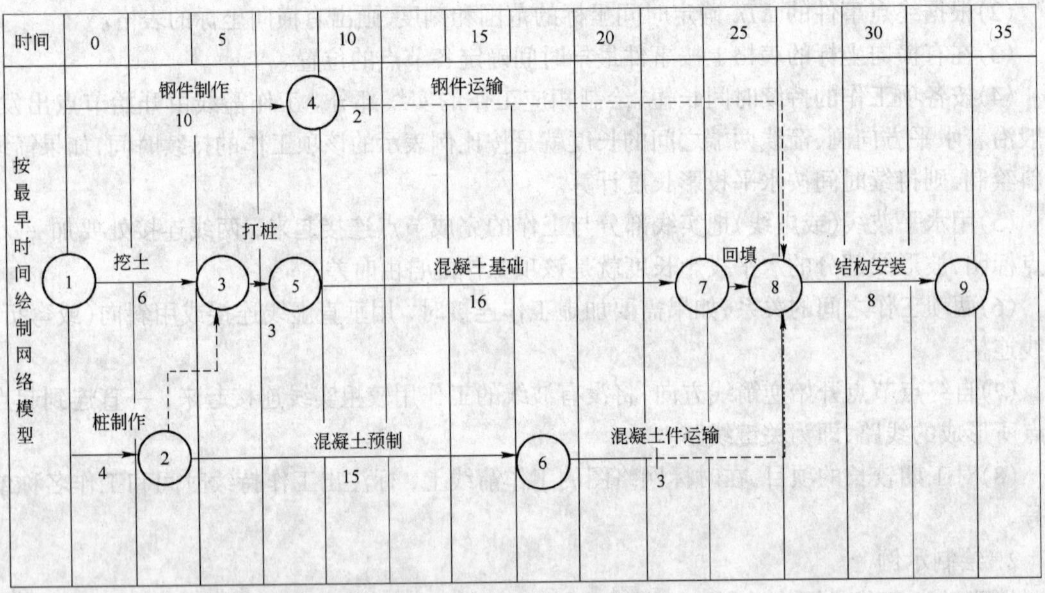

图 2-34 按最早时间绘制时标网络计划

距离就补上波形线,波形线的长度就是该工作的自由时差。

(3)最好在绘制时与原来网络图的形状相近,以便检查和核对。

(二)按最迟时间绘制双代号时标网络计划

1. 绘制步骤

(1)计算网络计划中各事件的最早时间 ET_i 和最迟时间 LT_i。

(2)根据终点事件的 ETn 确定时间坐标的范围和刻度,并画出有横向坐标的表格。

(3)在有时间坐标的表格上根据各事件的最迟时间确定相应节点的位置。

(4)按各项工作的持续时间的长短沿水平方向绘制相应工作的实线部分，其箭头必须与该项工作的完成节点相连，如果箭线倾斜绘制，则持续时间应按水平投影长度计算。

(5)用波形线(或虚线)把实线部分(即箭尾)与该项工作的开始节点连接起来。

(6)用垂直虚线或斜向虚线将虚工作连接上。

(7)自起点节点开始顺箭线方向，将没有波线的工作用较粗的实线连接起来，一直连到终点节点所形成的线路，即为关键线路。

这里要注意的是按事件最迟时间画的时标网络图中，波形线所示的长度一般不是工作的自由时差。

2. 绘制示例

将图2-33示双代号网络计划，按最迟时间绘制成时标网络计划见图2-35。

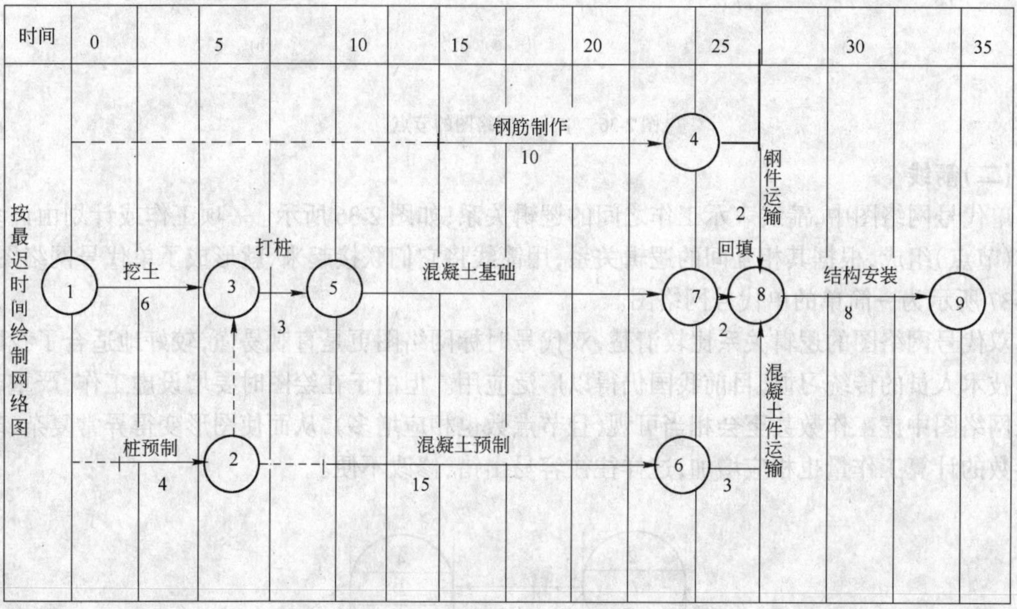

图2-35　按最迟时间绘制时标网络计划

第五节　单代号网络计划方法

单代号网络图是网络计划的另一种表现形式，它具有没有虚工作、容易画、便于修改等优点。更具有意义的是，它是搭接网络、流水网络等的基础。近年来，国内外对单代号网络图逐渐重视起来，其应用也越来越多。

一、单代号网络图的构成

单代号网络图由节点和箭线等构成。

(一)节点

单代号网络图中节点代表工作，可用圆圈或方框表示。用圆圈表示时，一般将节点编号、工作名称和工作持续时间一起标注在圆圈内，工作的时间参数则标在圆圈外边，如图 2-36a)所示。如果用方框表示，则将工作名称、节点编号、工作持续时间和工作的时间参数（*ES*、*EF*、*LS*、*LF*、*TF*、*FF*）一并标注在方框内，如图 2-36b)所示。

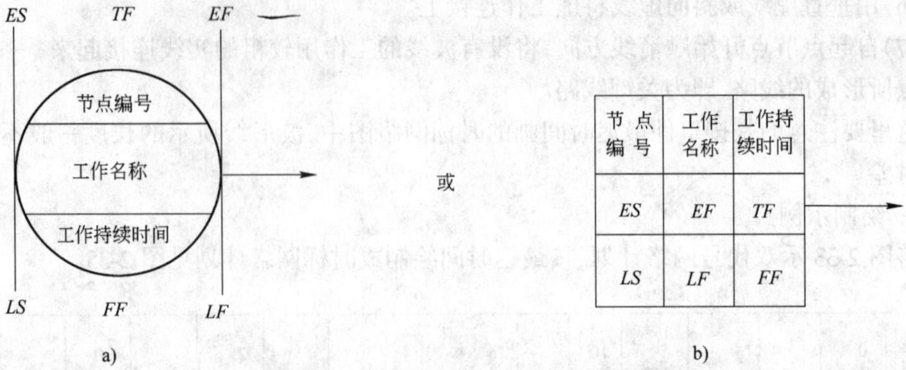

图 2-36　单代号网络图的节点

（二）箭线

单代号网络图中，箭线表示工作之间的逻辑关系，如图 2-36 所示。一项工作或计划由许多工作（节点）组成，根据其相互间的逻辑关系，用箭线将它们联接起来，就形成了单代号网络图。图 2-37 所示为一简单的单代号网络图。

双代号网络图的逻辑关系比较清楚，双代号时标网络图更是直观易懂，较好地适合了我国工程技术人员的传统习惯，目前我国仍得以广泛应用。但由于在绘图时要增设虚工作，严重时一张网络图中虚工作数甚至会相当可观（且节点数也相应增多），从而使图形变得异常复杂，时间参数的计算工作量也相应增加，这样往往容易出错，修改不便。

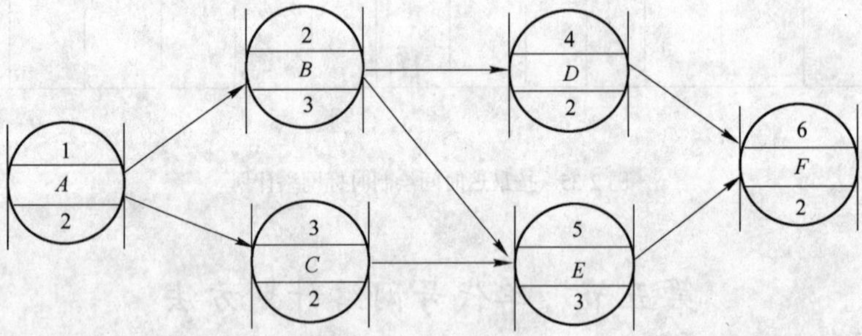

图 2-37　单代号网络图

与双代号网络图相比，单代号网络图虽然也是由许多节点和箭线组成的，但其基本符号含意却完全不相同。单代号的节点表示工作，而箭线仅表示各工作之间的逻辑关系。因此较之双代号网络图，单代号网络图工作之间的逻辑关系更为明确，且不设虚工作，具有绘图简便，便于检查、修改等优点。目前国内外有着广泛应用，并不断发展其表达功能和扩大其应用范围。但当紧后工作较多时，用单代号网络图表示则箭线交叉过多，如表 2-6 中序号 4 所示的那样。

网络图常见逻辑关系的表示方法　　表 2-6

序号	逻辑关系	双代号表示方法	单代号表示方法
1	A 完成后进行 B，B 完成后进行 C	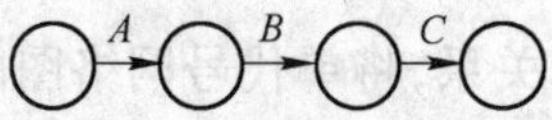	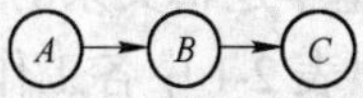
2	A 完成后同时进行 B 和 C	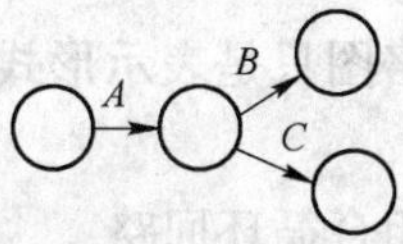	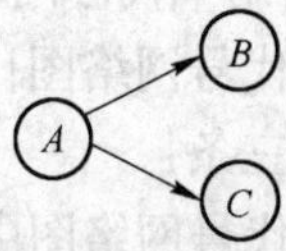
3	A 和 B 都完成后进行 C	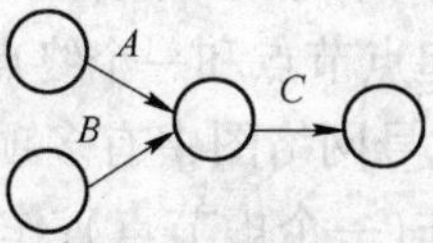	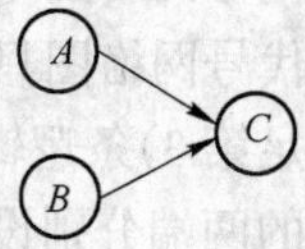
4	A 和 B 都完成后进行 C、D	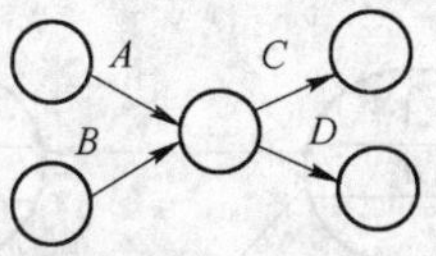	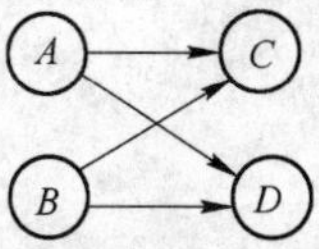
5	A 完成后进行 C，A 和 B 都完成后进行 D	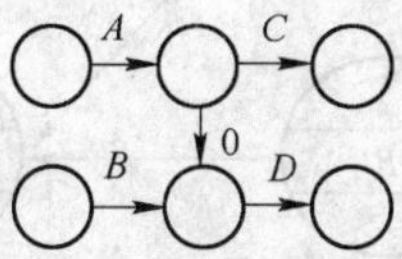	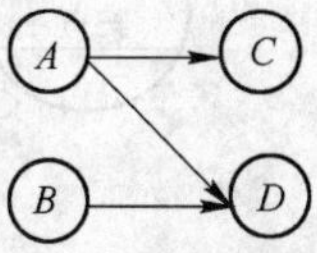
6	A、B 完成后进行 C，B、D 都完成后进行 E	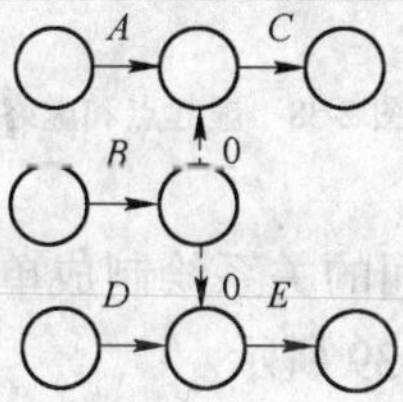	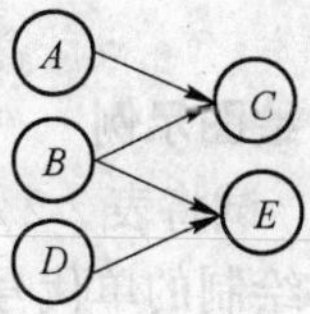
7	A 完成后进行 C，A、B 都完成后进行 D，B 完成后进行 E	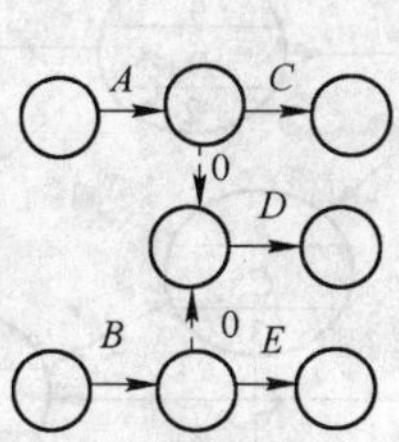	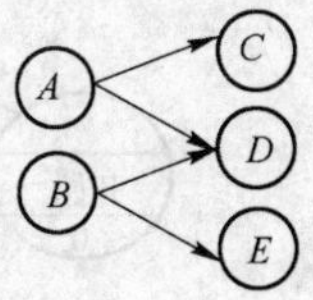
8	A、B 两项先后进行的工作，各分为三段进行，A_1 完成后进行 A_2、B_1，A_2 完成后进行 A_3、B_2，B_1 完成后进行 B_2，A_3、B_2 完成后进行 B_3	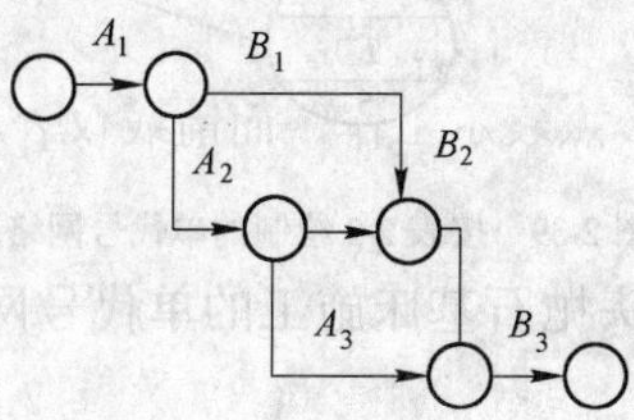	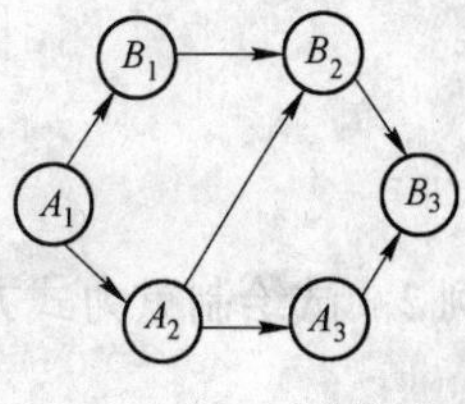

二、单代号网络图的绘制

(一)单代号网络图绘制规则

1. 基本逻辑关系的表示方法

对照表 2-1 中各工作间的逻辑关系,将单代号网络图的表示方法和双代号网络图的表示方法汇总于表 2-6,以便比较。

2. 绘制单代号网络图的逻辑准则

与双代号网络图比较,单代号网络图只是表示形式不同,因此,绘制单代号网络图的逻辑准则也是三条:

1)单代号网络图中,不允许出现闭合循环回路;

2)单代号网络图中,不允许有相同编号的节点;

3)单代号网络图只允许有一个起点节点和一个终点节点(群体网络例外)。

为满足第 3)条逻辑准则,当单代号网络图中有多项起始工作和(或)多项结束工作时,应在网络图的两端分别设置一项虚工作(一个虚节点),作为网络图新的惟一的起点节点和终点节点,如图 2-38 所示。

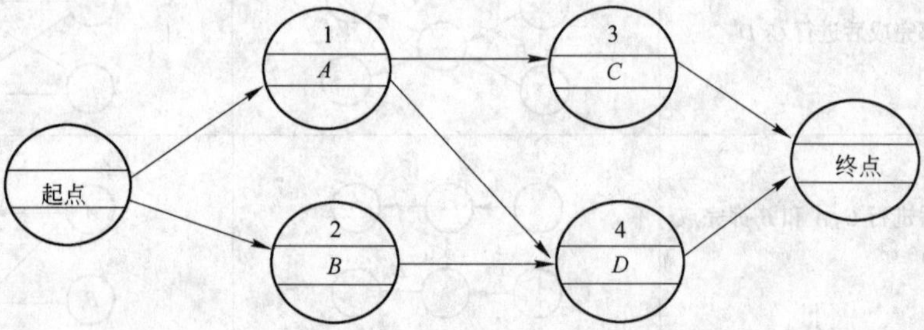

图 2-38 虚起点和虚终点

(二)绘图示例

例 1 试将表 2-2 示工作及工作间的关系绘制成单代号网络图。

解 绘制的单代号网络图如图 2-39 所示。

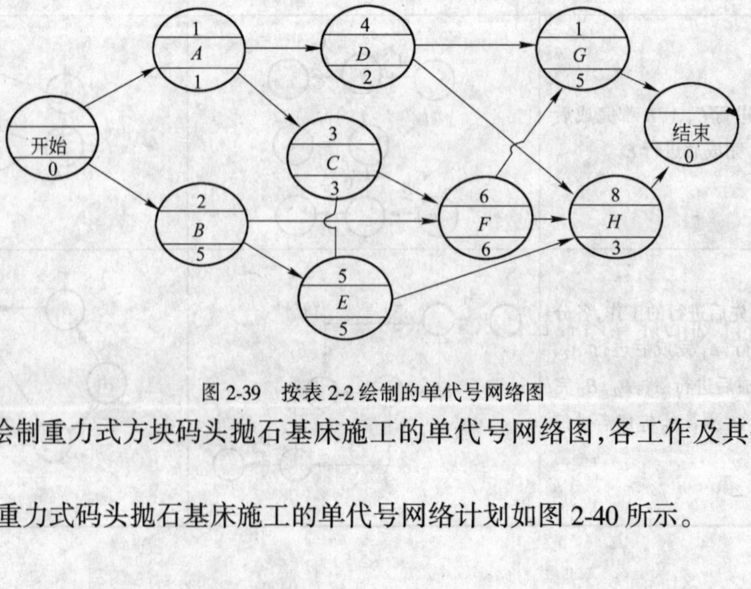

图 2-39 按表 2-2 绘制的单代号网络图

例 2 试绘制重力式方块码头抛石基床施工的单代号网络图,各工作及其持续时间见表 2-4。

解 绘制重力式码头抛石基床施工的单代号网络计划如图 2-40 所示。

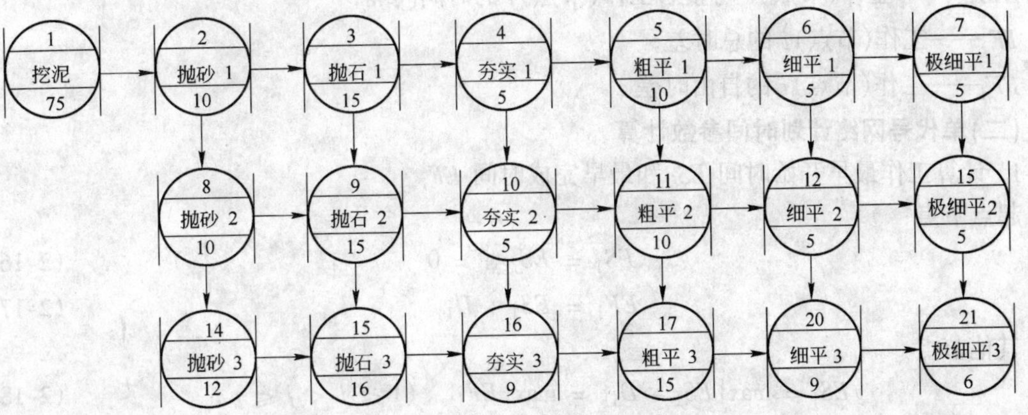

图 2-40　重力式码头抛石基床施工单代号网络计划

例 3　试绘制某码头改造工程的单代号网络计划。

解　绘制的单代号网络计划如图 2-41 所示。

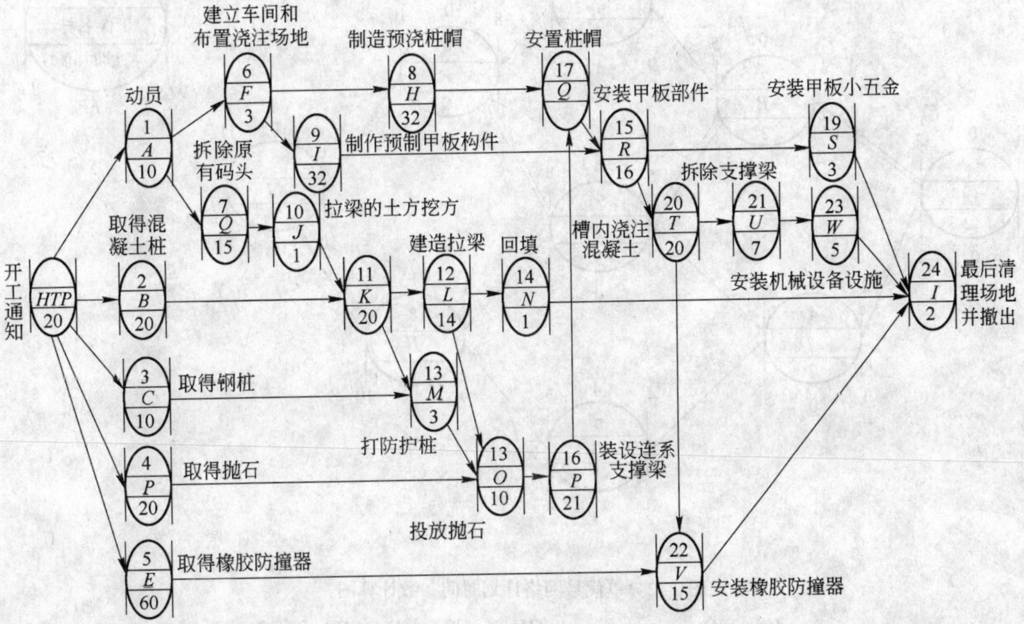

图 2-41　某码头改造工程单代号网络图

三、单代号网络计划的计算

(一)单代号网络计划的计算内容

单代号网络计划的计算内容包括以下时间参数：

ES_i——工作(节点)i 的最早开始时间；

EF_i——工作(节点)i 的最早完成时间；

LS_i——工作(节点)i 的最迟开始时间；

LF_i——工作(节点)i 的最迟完成时间；

LAG_{i-j}——工作(节点)i 与紧后工作(节点)j 的时间间隔;

TF_i——工作(节点)i 的总时差;

FF_i——工作(节点)i 的自由时差。

(二)单代号网络计划时间参数计算

1. 计算工作最早开始时间 ES_i 和最早完成时间 EF_i

起点节点:

$$ES_1 = ES_{起点} = 0 \tag{2-16}$$

$$EF_1 = ES_1 + D_1 \tag{2-17}$$

其他节点:

$$ES_j = \max\{ES_i + D_i\} = \max\{EF_i\} \quad (1 \leqslant i < j \leqslant n) \tag{2-18}$$

$$EF_j = ES_j + D_j \tag{2-19}$$

如图 2-42 网络图,计算如下:

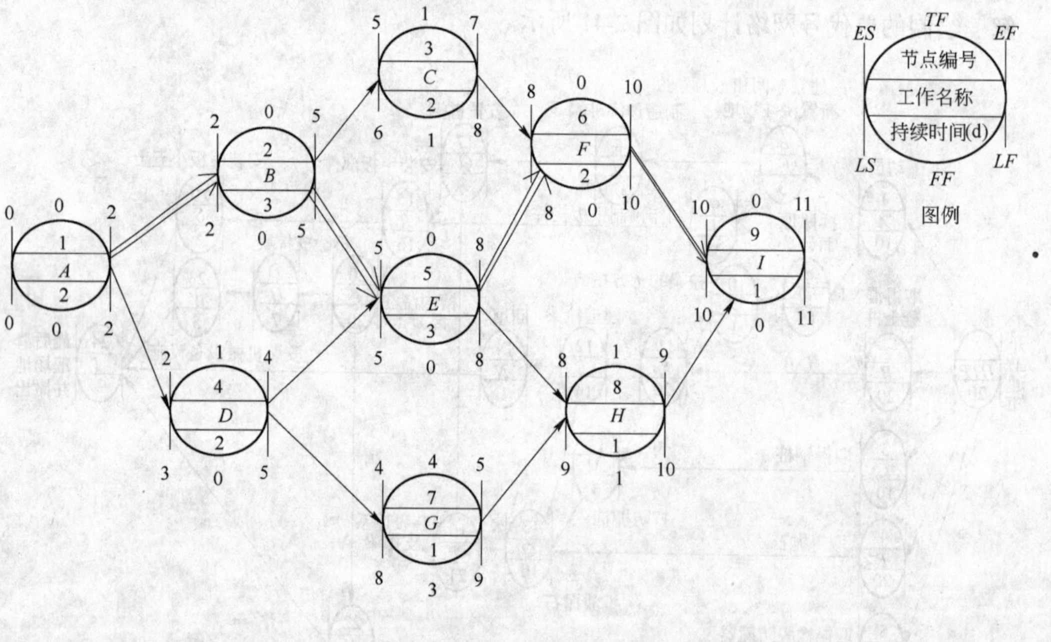

图 2-42 单代号网络计划时间参数计算图

$$ES_1 = 0, \qquad EF_1 = ES_1 + D_1 = 0 + 2 = 2$$

$$ES_2 = EF_1 = 2 \qquad EF_2 = ES_2 + D_2 = 2 + 3 = 5$$

$$\cdots \qquad \cdots$$

$$ES_9 = \max\{EF_6, EF_8\} = \max\{10, 9\} = 10$$

$$EF_9 = ES_9 + D9_{=} 10 + 1 = 11$$

2. 计算工作最迟完成时间 LF_i 和最迟开始时间 LS_i

终点节点:

$$LF_n = LF_{终点} = \begin{cases} PT & 有工期\ PT\ 要求时 \\ EF_n & 无工期要求 \end{cases} \tag{2-20}$$

$$LS_n = LF_n - D_n \tag{2-21}$$

其他节点：

$$LF_i = \min LS_j (1 \leqslant i < j \leqslant n) \tag{2-22}$$

$$LS_i = LF_i - D_i \tag{2-23}$$

对图 2-42 计算如下：

$LF_9 = EF_9 = 11$;　　　$LS_9 = LF_9 - D_9 = 11 - 1 = 10$;

$LF_8 = LS_9 = 10$;　　　$LS_8 = LF_8 - D_8 = 10 - 1 = 9$;

…　　　…

$LF_1 = \min\{LS_2, LS_4\} = \min\{2,3\} = 2$;

$LS_1 = LF_1 - D_1 = 2 - 2 = 0$

3．计算时间间隔 LAG_{i-j}

时间间隔 LAG_{i-j}是指在单代号网络计划中，一项工作的最早完成时间与其紧后工作最早开始时间之间可能存在的差值。

$$LAG_{i-j} = ES_j - EF_i \tag{2-24}$$

对图 2-42 计算如下：

$LAG_{1-2} = 2 - 2 = 0$

$LAG_{1-4} = 2 - 2 = 0$

$LAG_{2-3} = 5 - 5 = 0$

…

$LAG_{8-9} = 10 - 9 = 1$

4．计算总时差 TF_i 和自由时差 FF_i

$$TF_i = LS_i - ES_i = LF_i - EF_i \tag{2-25}$$

$$FF_i = \min\{LAG_{i-j}\} \quad (1 \leqslant i < j \leqslant n) \tag{2-26}$$

$$FF_n = \begin{cases} 0 & \text{无工期要求} \\ PT - EF_n & \text{有工期要求 } PT \end{cases} \tag{2-27}$$

对图 2-42 计算如下：

$TF_1 = LS_1 - ES_1 = 0 - 0 = 0$;　　　$TF_2 = LS_2 - ES_2 = 2 - 2 = 0$;

$TF_3 = LS_3 - ES_3 = 6 - 5 = 1$;　　　$TF_4 = LS_4 - ES_4 = 3 - 2 = 1$;

…　　　$TF_9 = LS_9 - ES_9 = 10 - 10 = 0$。

$FF_1 = \min\{LAG_{1-2}, LAG_{1-4}\} = \min\{0, 0\} = 0$;

$FF_2 = \min\{LAG_{2-3}, LAG_{2-5}\} = \min\{0, 0\} = 0$;

$FF_3 = \min\{LAG_{3-6}\} = \min\{1\} = 1$;

…

$FF_8 = \min\{LAG_{8-9}\} = \min\{1\} = 1$

$FF_9 = 0$

以上结果分别标于如图 2-42 相应位置处。

5．关键工作和关键线路

网络图中，总时差最小的工作为关键工作；由起点节点至终点节点完全由关键工作组成的线路为关键线路。在单代号网络计划中，可通过 LAG 来寻找关键线路。其方法是：从终点向起点方向寻找，把 $LAG=0$ 的线路向前连通，直至起点，这条线路就是关键线路。图 2-42 中，关键线路为 $A \to B \to E \to F \to I$。

复习题

1. 已知下列表 2-7、表 2-8、表 2-9、表 2-10 逻辑关系，试绘制出双代号网络图并对节点编号。

表 2-7

工　作	紧后工作
A	*D*、*E*
B	*C*、*F*
C	*E*
D	*G*、*H*
E	*H*
F	*H*、*I*、*J*
G	*K*
H	*K*、*L*
I	*K*、*L*
J	*L*
K	~
L	~

表 2-8

紧前工作	工　作
~	*A*
~	*D*
F、*D*	*G*
G	*H*
G	*J*
H	*M*
A	*K*
A	*F*
M、*K*	*L*

表 2-9

工　作	紧后工作
A	*C*、*D*
B	*G*、*H*
C	*E*、*F*
D	*F*、*G*
E	*J*
F	*I*
G	*I*、*K*
H	*K*
I	*J*
J	*L*
K	*L*
L	~

表 2-10

紧前工作	工　作
~	*a*
~	*b*
~	*c*
a、*b*	*d*
b	*e*
b	*f*
f、*c*	*g*
b	*h*
h、*e*	*i*
h、*e*	*j*
d, *j*, *c*, *f*	*k*
k	*l*
l、*i*、*g*	*m*

2. 用图上计算法和分析计算法计算图 2-43、图 2-44 所示网络计划的 *ET*、*LT*、*ES*、*EF*、*LS*、*LF*、*TF*、*FF*，并标出关键线路。

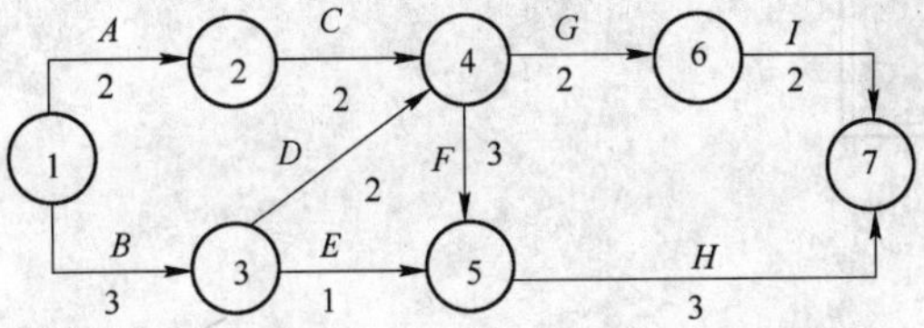

图 2-43　× × 项目研制计划

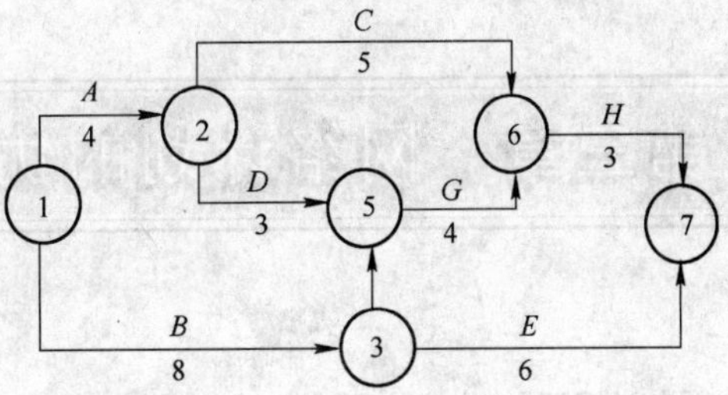

图 2-44　A 码头施工网络计划

3. 图 2-45 所示双代号图络计划，用图上计算法计算出各工作和节点的时间参数，并分别按 ET、LT 绘制出时标网络计划。

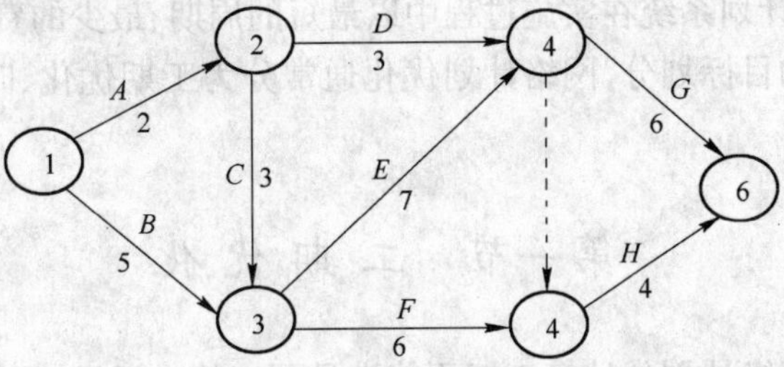

图 2-45　某地基础施工网络计划

4. 试将图 2-46 所示双代号网络图改成单代号网络图。

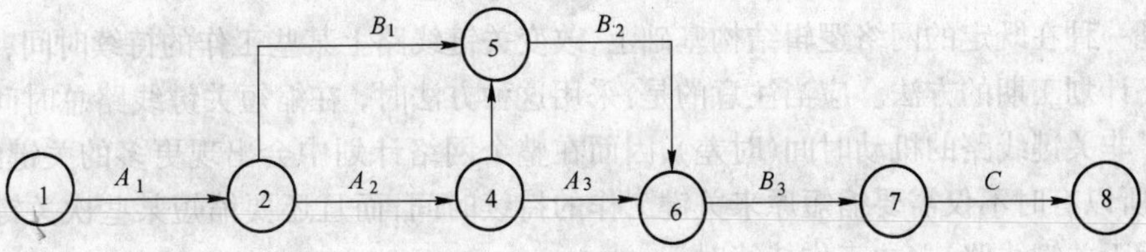

图 2-46　某堆场施工网络计划

5. 按图 2-47 所示单代号网络图，采用图上计算法计算各工作时间参数。

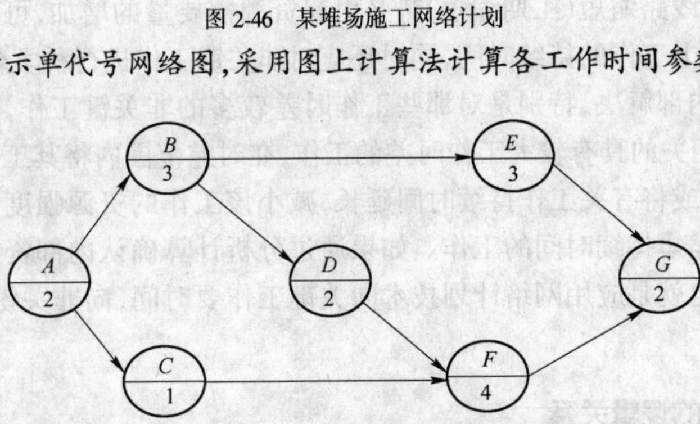

图 2-47　设备安装工程网络计划

第三章　网络计划的优化

[自学提要] 本章主要介绍网络计划优化的概念、优化方法的分类和几种常用优化方法的基本思想、计算原理和计算步骤。通过本章的学习，要求学员掌握网络计划优化的分类方法、工程项目的工期与费用关系、资源需用量曲线等基本概念，掌握各种优化计算方法的基本原理和计算步骤，能熟练运用网络计划的工期优化方法对施工进度计划进行工期调整计算。

网络计划的优化，是指在满足既定的条件下，按照一定的程序和方法，不断改善网络计划的初始方案，以使整个计划系统在实施过程中以最短的周期、最少的费用和对资源作最有效的利用来运行。按优化的目标划分，网络计划优化通常分为工期优化、时间—成本优化、工期—资源优化三大类。

第一节　工 期 优 化

工期优化是指当网络计划的计算工期不能满足预定的时间目标要求时，应设法进行调整。工期优化的方法有两类：(1)缩短关键线路上的工作持续时间；(2) 改变网络逻辑关系。

一、缩短关键路线持续时间

这是一种在既定的网络逻辑结构基础上，改变关键线路上某些工作的持续时间，从而达到缩短网络计划工期的方法。应当注意的是：采用这种方法时，在缩短关键线路总时间的同时，也减少了非关键线路的机动时间(时差)，因而在整个网络计划中会出现更多的关键线路和关键工作，所以有时不仅需要缩短原来关键工作的持续时间，而且还要缩短某些次关键线路(总时间接近于关键线路)上的工作持续时间。

一般说来，关键线路缩短(工期缩短)势必引起资源需要量的增加，可能会带来新的矛盾。因此，缩短关键线路上工作的持续时间，同时还应对非关键工作进行科学合理的组织。需要增加资源时应尽量从内部解决，特别是对那些工作时差较多的非关键工作，可能更有潜力可挖。组织的方法是：对相关的具有较大工作时差的工作，在时差范围内将其工作时间错开，从而避开资源利用的高峰；或将有关工作持续时间延长，减小该工作的资源强度，以便从中抽出部分资源支援其他需要缩短持续时间的工作。如果通过分析计算确认内部资源不足，则应考虑从外部调入资源。这也就是应用网络计划技术向关键工作要时间，向非关键工作要资源的基本思想。

二、改变网络图的逻辑关系

改变网络的逻辑关系进行工期优化，要求通过重新考虑施工作业方式、采用不同施工方法和设备、合理安排施工顺序来缩短网络计划的工期。改变网络逻辑关系包括两个方面：(1)改变施工作业方式；(2)合理安排工程项目的施工顺序。

(一)改变施工作业方式

四种基本的作业方式中,顺序作业方式工期最长,平行作业方式工期最短,搭接作业和流水作业方式工期介于两者之间。在条件允许的前提下,施工中一般应尽量组织流水作业,以使得资源需要量和工期两者都较合理,不便组织流水作业时,也应尽可能采用搭接施工,以缩短总工作时间。如果需要赶工,则可对其中某些关键工作改为平行作业。例如,打桩工程是桩式码头施工的关键工作,必要时可组织两艘打桩船在同一工地不同施工段同时打桩。

(二)合理安排工程项目的施工顺序

编制网络计划的的逻辑基础有两大类:一类是工艺技术逻辑,这是不可违背的,例如必须先打桩再浇桩帽,码头面必须先浇面板再做面层等;另一类是组织管理逻辑,它是由计划决策者人为制定的。例如两个单独的预制构件生产,两者间没有工艺逻辑关系,可以同时生产,也可以先生产 A 再生产 B,还可以先生产 B 再生产 A,这需要组织者根据实际情况决策。网络计划的工期优化可通过对那些无工艺技术逻辑关系的工作安排出最合理的施工顺序来进行。这种寻求网络计划最优施工顺序的方法,通常也称为网络计划的流程优化。

流程优化的一种典型情况为 $n \times m$ 流程优化问题。某项施工任务包括 n 道施工工序,为了施工紧凑、均衡,常常把施工对象划分为 m 个施工段,由各个班组依次在各施工段完成各自的施工过程。当各施工段的劳动量大致相等时,可以组织成有节奏的流水施工,各施工段的施工顺序不难确定。但是在各施工段劳动量相差较大时便不能组织有节奏的流水作业,这时如何安排各施工段顺序,使总工期最短,便产生了 $n \times m$ 流程化问题。

例如,一个三跨单层仓库,其柱下独立杯形基础按轴线划分为 4 个施工段:A 轴、B 轴、C 轴和 D 轴;其施工过程划分为开挖、垫层、支模、扎钢筋、浇混凝土 5 个工序,各施工段各个工序的持续时间 D_{i-j}如表 3-1。

柱下基础施工工序一览表 表 3-1

施工段 / 工序	A	B	C	D
挖　土	6	3	4	1
垫　层	2	2	1	2
支　模	3	3	2	4
扎钢筋	4	3	3	5
浇混凝土	2	1	2	2

各轴线的柱下基础可以独立施工,如何确定 A、B、C、D 的施工顺序使得总的施工时间最短,便是 $n = 5$, $m = 4$ 的 $n \times m$ 流程优化问题。

$n \times m$ 流程优化问题的求解相当复杂,下面先讨论 $n = 2$ 时的简单情形。

(1)$n = 2$ 时的 Johnson-Bellman 算法

对于 $n \times 2$ 的流程优化问题,可以按 Johnson-Bellman 法则解决。这个法则的基本思想是:先行工作持续时间最短的要安排在最前面施工,后续工作持续时间最短的要安排在最后面施工。

应用该法则非常简单。先将各项任务的工作持续时间 D_{1-j}、D_{2-j}($j = 1、2 \cdots m$) 列表,每次从表中找出 D_{1-j}、D_{2-j}的最小值,如果这个最小值是属于先行工作的,则该项任务排在最前面施工;如果这个最小值是属于后续工作的,则该项任务应排在最后面施工。从表中去掉该项任务,对剩下的各项任务再重复这一步骤,直到所有任务安排完毕。

例 某港口仓库有5个独立的基础施工，每个基础包括挖基础和做基础两道工序，各工序的持续时间见表3-2所示，试求出最优顺序安排。

工序持续时间 D_{i-j} 表　　表3-2

基础号 / 工序	A	B	C	D	E
挖基础	4	4	8	6	2
做基础	5	1	4	8	3

解 首先找出表3-2中 D_{i-j} 的最小值 $D_{22}=1$，它属于 B 的后续工序(做基础)，故 B 基础应排在最后施工。对剩下的四个基础中，又找出最小值为 $D_{15}=2$，它属于 E 的先行工序(挖基础)，故 E 基础应最先施工。对剩下的 A、C、D 中，又找出 D_{i-j} 最小者为 $D_{32}=4$，它属于 C 的后续工序，在这三者中应排在最后面施工。由于原已排好 B 在5个基础中是最后施工的，故 C 应排在倒数第二个施工。如此进行下去，最后安排的最优顺序为 $E\rightarrow A\rightarrow D\rightarrow C\rightarrow B$。

图3-1a)所示为按最优顺序的网络计划，工期 $T_c=25$d。图3-1b)所示为按 $A\rightarrow B\rightarrow C\rightarrow D\rightarrow E$ 顺序的网络计划，工期 $T_c=33$d，比最优计划多了8d。

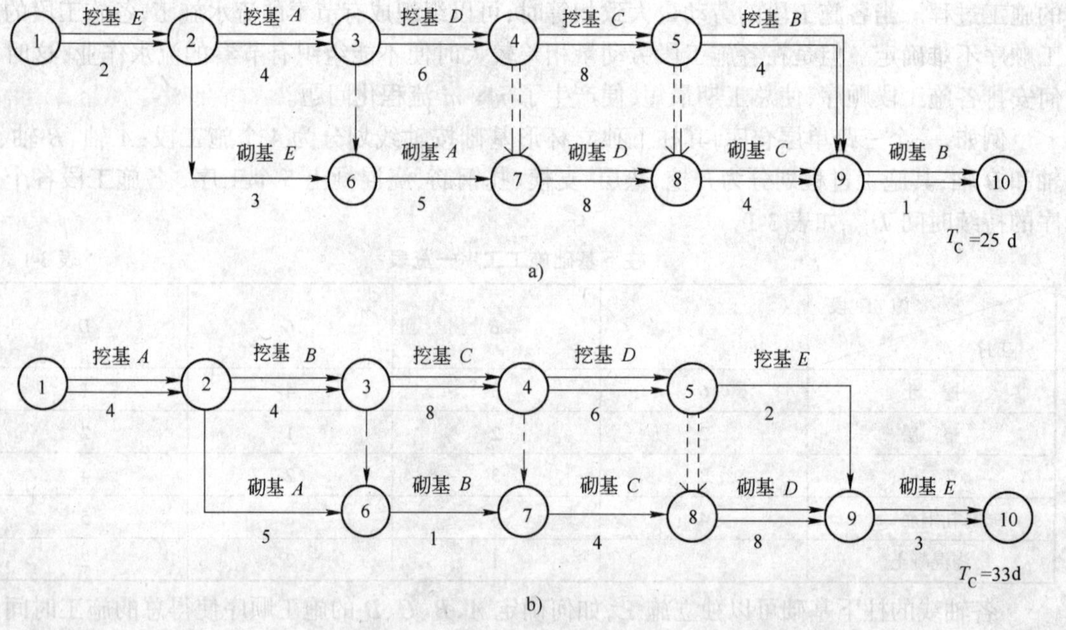

图3-1　某仓库基础施工网络计划

(2) $n\geqslant 3$ 时的Johnson算法的推广

利用Johnson方法能求 $n=2$ 时 $n\times m$ 流程优化问题的最优解，对于 $n\geqslant 3$ 的情形，问题就复杂得多。目前，求解 $n\times m$ 流程问题的启发式算法很多。这里介绍一种简单有效精确度较高(就平均意义而言)的算法：推广的Johnson算法。

推广的Johnson方法安排施工顺序，其具体步骤如下：

(1)若工序 i 在第 j 段的持续时间为 D_{i-j}，对所有的 j 计算：

$$b_j = \sum_{i=1}^{n-1} D_{i-j} \tag{3-1}$$

$$c_j = \sum_{i=2}^{n} D_{i-j} \tag{3-2}$$

(2)在所有的 b_j、C_j 中选最小者，若为 b_k 将 K 排在前面；若为 C_k 将 K 排在后面。除去 K，在剩下的 b_j、C_j 中重复这一步骤，直至安排完毕。

例 对于表 3-1 所示的例子，求出 A、B、C、D 4 条轴线柱下独立基础的施工顺序。

①
$$b_A = 6 + 2 + 3 + 4 = 15$$
$$C_A = 2 + 3 + 4 + 2 = 11$$
$$b_B = 3 + 2 + 3 + 3 = 11$$
$$C_B = 2 + 3 + 3 + 1 = 9$$
$$b_c = 4 + 1 + 2 + 3 = 10$$
$$C_C = 1 + 2 + 3 + 2 = 8$$
$$b_D = 1 + 2 + 4 + 5 = 12$$
$$C_D = 2 + 4 + 5 + 2 = 13$$

②最小值为 C_C，C 排在最后。除去 C，最小者为 C_B，B 排在倒数第二。再除去 B，最小者为 C_A，A 排在倒数第三。至此，施工顺序已排出，为 D—A—B—C，其网络计划图如图 3-2 所示。

可以比较，若按自然编号 $A \rightarrow B \rightarrow C \rightarrow D$ 施工，总工期为 28d，由推广的 Johnson 方法求出的施工顺序安排比自然编号顺序工期短了 4d。

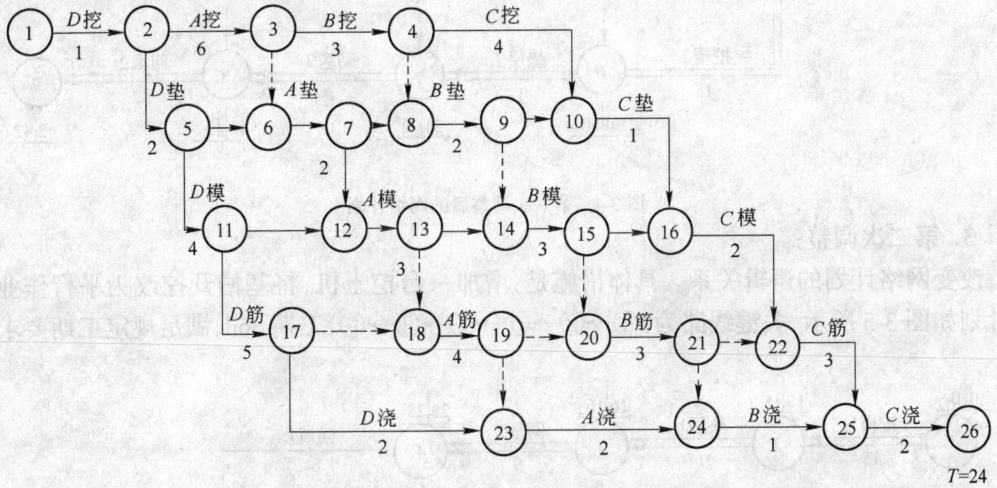

图 3-2 柱下基础施工优化网络计划

三、工期调整示例

某基础工程分 2 个施工段施工，施工网络计划如图 3-3 所示。该工程规定工期为 38 天，其中基槽开挖配备一台挖土机。

1. 按照最初计划的网络图及各工作的持续时间计算节点时间参数和网络计划工期，找出关键线路。

从计算结果（略）可知，关键线路为：①→②→③→④→⑧→⑨，网络计划工期 54d，超过规定工期 16d，需要修正原始计划。

2. 对原始计划进行初次调整：

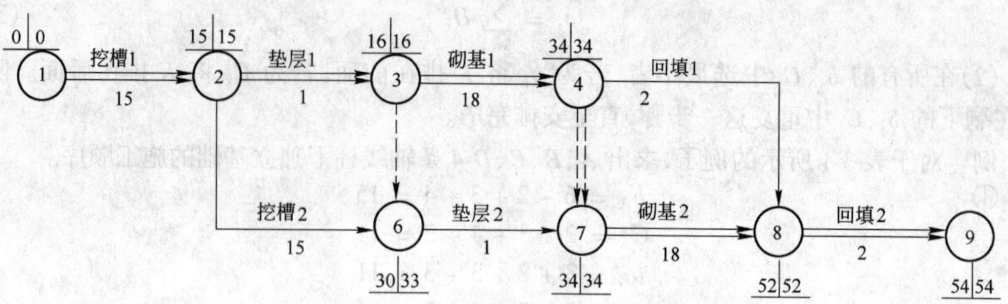

图 3-3 初始网络计划

将砌基础劳动力增加一倍,假设不影响工作效率,则砌基础的持续时间缩短为原来的1/2,网络计划变为如图 3-4 所示,关键线路为:①→②→⑥→⑦→⑧→⑨,工期 42d,超过规定工期 4d,需继续调整。

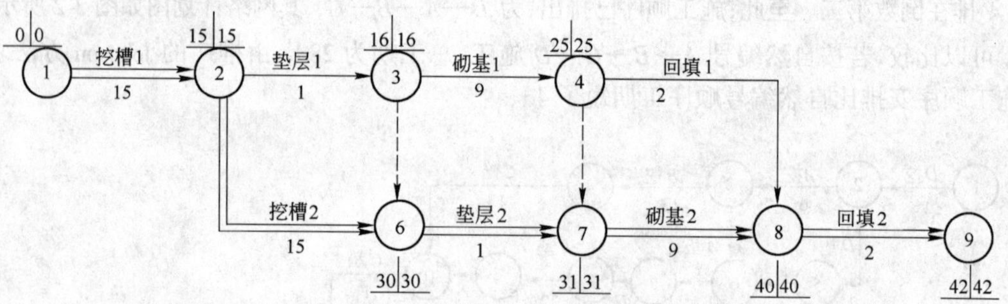

图 3-4 第一次调整后的网络计划

3. 第二次调整:

改变网络计划的逻辑关系。具体措施是:增加一台挖土机,将基槽开挖改为平行作业,网络计划如图 3-5 所示,关键线路为:①→②→⑥→⑦→⑧→⑨,工期 36d,满足规定工期要求。

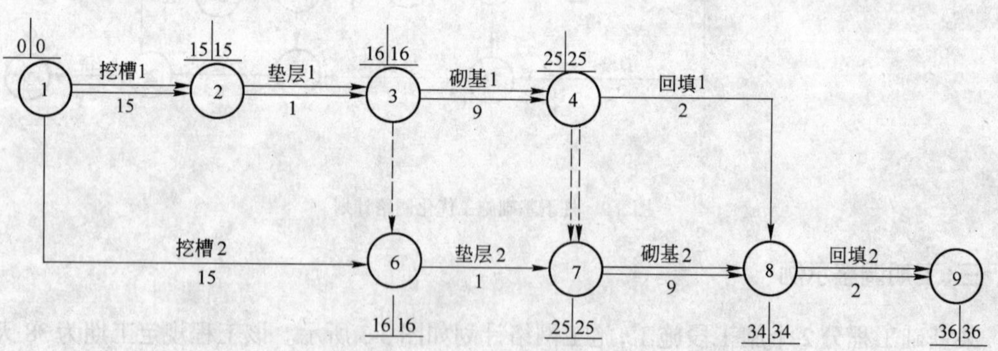

图 3-5 优化后的网络计划

第二节 时间——成本优化

时间——成本优化的目的主要有两个方面：一是寻求相应于工程成本最低的计划方案；

二是当网络计划的计算工期超过要求工期,或者是计划执行过程中需要加快工程进度时,确定最佳赶工途径。

一、时间——费用关系

(一)工程项目的工期——费用关系

一项工程的成本包括直接费和间接费两个部分。直接费一般指人、机、材等直接用于各工序的施工费用;间接费则指施工管理费等之类的非直接生产性费用。费用与项目工期间的关系如图 3-6 所示。

从图 3-6 可知,缩短工期会引起直接费用的增加和间接费用的减少;反之,若延长工期,则会引起直接费用的减少和间接费用的增加;图中总费用曲线的 B 点则是两者之和的最低点,它所对应的工期也就是要寻找的最低成本工期。

寻求 B 点的关键是要能作出工程直接费与工期及工程间接费与工期两条关系曲线。工程间接费与工期一般可假定为正比例关系,具体则可由施工单位进行管理成本分析,统计确定。工程直接费则是由工作费用构成,只有明确了工作费用,才能得出工程直接费与工期的关系曲线。

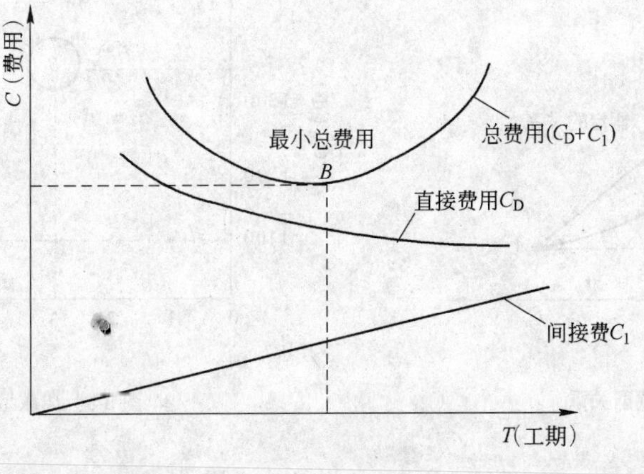

图 3-6 工程项目的工期—费用曲线

(二)工作持续时间与费用关系

根据各项工作的性质不同,工作持续时间与费用的关系有连续型和离散型两种。

1. 连续型关系

连续型的工作持续时间与费用的关系曲线如图 3-7 所示。图中相应于费用最小的 A 点,其工作持续时间(D_n)最长,叫做"正常持续时间"。若从 A 点起,增加劳动力、设备或其他技术供应,就会缩短工作时间,加快工作进度,但费用也会相应增加。一直加快到 B 点处,已不能再继续缩短该项工作的持续时间了,此时的相应时间 D_C 就叫做"最短持续时间(D_C)"。曲线的各段斜率 $\alpha = \Delta C/\Delta D$,就是该项工程每加快一个单位时间的费用增加率或称费用率。通常为了简化,将该曲线用直线 AB 代替,此时费用率为:

$$\alpha = \frac{C_C - C_n}{D_n - D_C} \qquad (3\text{-}3)$$

式中:α——费用增加率;

C_C——最短时间费用;

C_n——正常时间费用；

D_n——正常持续时间；

D_C——最短持续时间。

不同的工作项目，α 值也不同。所以，要缩短工程的工期，应优先缩短 α 值最小的关键工作的持续时间。在一般的情况下，若缩短非关键工作的持续时间，就会使工程费用增加，但工程的工期却并不会相应缩短。

2. 离散型关系

离散型关系如图 3-8 所示。这种情形多为机械施工情况。图中，在正常情况下，用 1 台施工机械，配置一个作业班组 6d 完成工作，费用为 1100 元。若要求加快施工进度，则可增加一台施工机械和一个作业班组，则 3d 完成，施工速度加快一倍。只要机械效率充分发挥，人员组织配合没有问题，就没有工作时间为 4d 或 5d 的情况。在这种关系下，介于正常持续时间与最短持续时间之间的关系是不连续的，当然不能用线性关系推算。

当工作持续时间与直接费的关系为离散型时，压缩后的工作持续时间值必须与某一个可行施工方案相对应。

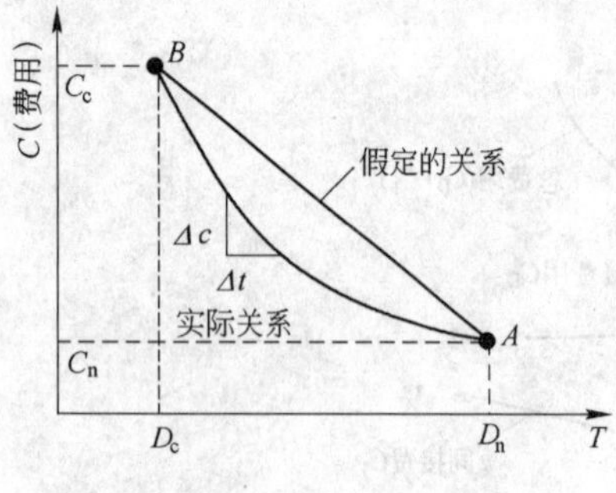

图 3-7 连续型关系

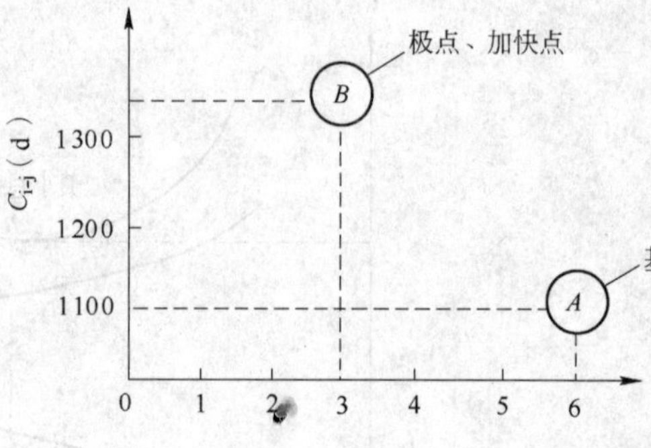

图 3-8 离散型关系

二、渐近法

(一)原理

渐近法是在各工作均采用正常持续时间和费用的计划基础上，以关键线路上各工作的正常持续时间、最短持续时间和费用增加率为依据，综合考虑缩短关键工作持续时间的可能性、合理性以及非关键工作时差的制约关系，不断压缩网络计划的工期，从而得到一系列网络计划工期及其相应直接费的关系和各工作的进度安排。在这基础上，再将间接费叠加进去，从而可得出不同工期与相应的工程成本关系，从中找出成本最低者，所对应的工期及其进度安排即为最优。

(二)网络计划压缩的约束条件

渐近法进行时间—成本优化的核心是网络计划的压缩。在网络计划压缩过程中，各项工程可以压缩的时间可能受到以下约束限制。

1. 工作本身最短持续时间的限制

对关键工作持续时间 D_{i-j} 进行压缩时，其可压缩的极限只能达到该工作的最短持续时间 $(D_c)_{i-j}$，因为此时即使再注入资源也不能缩短其时间了，所以一项工作可压缩的最大时间为

$X_{i-j} = D_{i-j} - (Dc)_{i-j}$。

如图 3-9a),先计算网络计划时间参数,然后选择费用率最低的关键工作②→③进行压缩,其可压缩的天数为 20d - 10d = 10d。将②→③工作的持续时间改为 10d,形成新的网络计划如图 3-9b)。

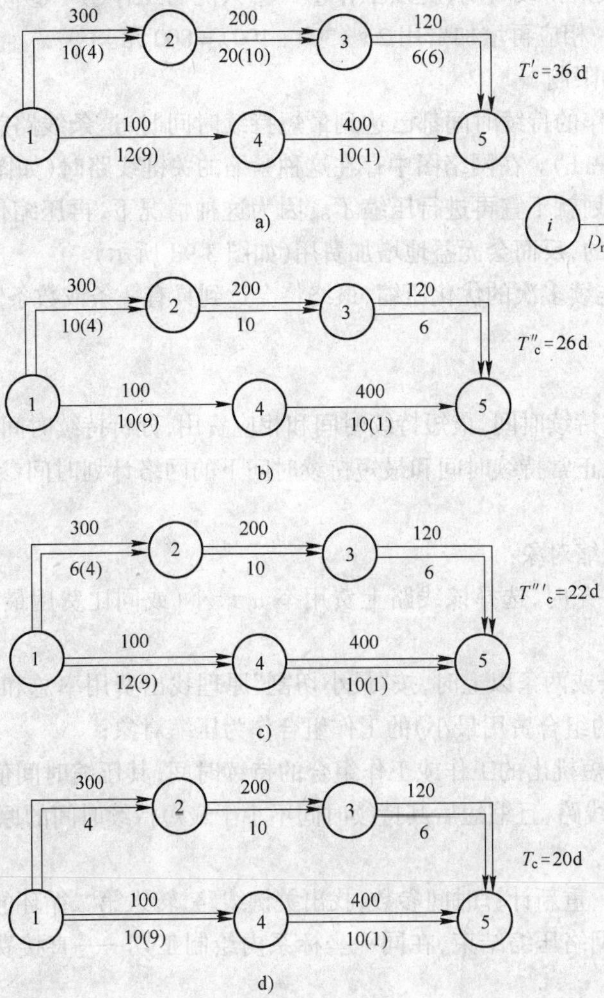

图 3-9　网络计划压缩的约束条件

2．工作总时差的限制

在关键线路上的工作可能压缩的时间,超过平行的非关键路线上的工作的总时差值时,它的压缩值就受到总时差的限制。继续压缩图 3-9b)所示网络计划,选费用率最低(300 元/d) 的关键工作①→②进行压缩,它可能压缩的天数为 6d。但在非关键线路①→④→⑤上,$TF_{1-4} = TF_{4-5} = 4$d,当对①→②的压缩值大于 4d 时,这时关键线路就会转化为①→④→⑤,而不是原来的①→②→③→⑤,也就是说,实际工期缩短不会超过 4d,故①→②受到它的限制只能压缩 4d,使总工期缩短到 22d,见图 3-9c)所示。

3．平行关键线路的限制

当一个网络图中存在两条(或数条)关键线路时,如果需要缩短整个工程的工期,必须同时在两条(或数条)关键线路上压缩相同的天数。如图3-9c)的网络计划中两条线路均为关键线路,如需再缩短工期,就必须同时压缩关键线路①→②→③→⑤上费用率最低的工作①→②及关键线路①→④→⑤上费用率最低的工作①→④。工作①→④可能压缩值为3d,但工作①→②只能再压缩2d就达到最短持续时间,所以工作①→④只能与工作①→②同时压缩2天,使工期缩短到20d(图3-9d)。相应再增加费用2×(300+100)=800元。

4. 紧缩的关键线路的限制

当关键线路上各项工作的持续时间都已达到最短持续时间时,这条线路就称为"紧缩的"关键线路(Crashed Critical Path)。在网络图中存在这种紧缩的关键线路时(如图3-9d中的①→②→③→⑤),整个网络计划就不宜再进行压缩了。因为这种情况下,再压缩任何工作都不能有效地达到缩短工期的目的,反而会无益地增加费用(如图3-9d所示)。

显然,网络计划经过连续多次的优化压缩,最终将会达到具有一条或数条紧缩的关键线路的状态。

(三)优化计算步骤

1. 确定各工作的正常持续时间,最短持续时间和相应费用,分析持续时间与费用的关系。

2. 分别计算各工作在正常持续时间和最短持续时间下的网络计划时间参数,找出关键线路。

3. 按下述方法选择压缩对象:

(1)当关键线路只有一条时,选择该线路上费用率 α 最小(或同比费用最小)的工作作为压缩对象。

(2)当关键线路有两条或两条以上时,按"最小切割"原理找出费用率总和(可称为组合费用率)$\sum\alpha_{i-j}$最小(或同比的组合费用最小)的工作组合作为压缩对象;

4. 确定压缩时间:缩短挑出的工作或工作组合的持续时间,其压缩时间值必须符合所在关键线路不能变成非关键线路,且缩短后其持续时间不小于最短持续时间的原则。

5. 计算增加的直接费。

6. 形成新的网络计划,重新计算时间参数,找出关键线路,转入第二循环的压缩。

7. 经过若干循环后,网络压缩结束,在同一坐标系内绘制工期——直接费关系曲线和工期——间接费关系曲线。

8. 两条曲线叠加,得工程成本——工期关系曲线,找出曲线最低点。

第三节 工期——资源优化

制定一项工程计划,必须考虑资源(劳动力、原材料、设备等)的供应情况。因此,在形成计划初始方案后,必须对其资源需求情况进行评价。如果资源需求脱节,则必须对计划中的某些项目进行调整,以满足可能的资源供应条件,并且尽量少延长、最好不延长工期;如果资源供应有保证,但需求分布不均衡,则应利用非关键工作的时差,在时差范围内调整某些工作项目的工作时间,以改善整个计划的资源需求分布情况。这就是网络计划工期——资源优化要解决的两类问题。前一类问题,称为资源有限——工期最短优化;后一类问题称为工期固定——资源均衡优化。

一、资源有限——工期最短优化

(一)基本概念

1. 资源需用量曲线

设某工程项目需要 S 种不同的物资资源,在某时间 t, 工作 $i \to j$ 需要第 K 种资源的数量为 $r_{i-j}^{(k)}(t)$,同一时间(t)需要第 K 种资源的工作共有 $H(t)$个,则该项目在时间 t 需要第 K 种资源的数量为 $\sum_{1}^{H(t)} r_{i-j}^{(k)}(t)$,若项目总工期为 T,则:

$$R^{K}(t)\sum_{1}^{H(t)} r_{i-j}^{(k)}(t) \qquad (t \in T) \tag{3-4}$$

定义为第 K 种资源的资源需用量强度曲线,简称资源需用量曲线。

由于项目中每个工作对某种资源的需用量强度在一定时间内是相对不变的,因此,资源需用量曲线多为由若干段水平直线组成的锯状图形。图 3-10 为某工程项目的网络计划和相应的劳动力资源需用量曲线。

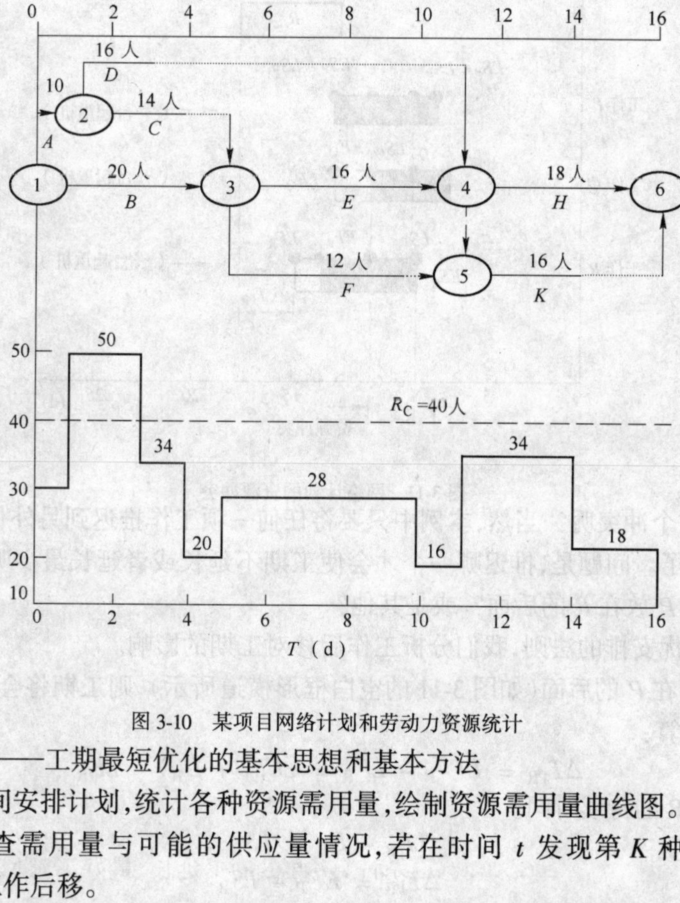

图 3-10 某项目网络计划和劳动力资源统计

2. 资源有限——工期最短优化的基本思想和基本方法

(1)按最早时间安排计划,统计各种资源需用量,绘制资源需用量曲线图。

(2)逐时段检查需用量与可能的供应量情况,若在时间 t 发现第 K 种资源:$B_K(t) > A_K(t)$,应将部分工作后移。

(3)工作后移应按一定程序进行,其目的是使这种后移对工期的影响最小。

由于问题的复杂性,目前尚无一种普遍适用的求解最优解方法,只能求近似最优解。常用的求解方法有 RSM 法和编号法。限于篇幅,本书只介绍 RSM 法,并且只讨论 $S=1$ 的情况。

(二)RSM 法

1. RSM 法的原理

RSM(Resource Scheduling Method)法是在资源供应受到一定限制的条件下，通过分析网络中各工作后移对工期的影响情况，重新安排相关的工作项目，解决资源冲突，并使工期增加最少。

假定 P、Q、R 是某工程计划中的三项工作，其工作参数及初始计划安排如表 3-3 所示。

工作参数及初始计划安排表 表 3-3

工作	持续时间	需要起重机台数	*ES*	*EF*	*LS*	*LF*
P	5	1	8	13	8	13
Q	4	1	7	11	9	13
R	5	1	9	14	10	15

这三项工作在整个计划中的位置如图 3-11 所示。图中表示的是 P、Q、R 三项工作的局部进度关系，各项工作均按最早开始时间安排进度。如果施工中只能为这三项工作提供两台起重机，那么从图 3-11 中可看出，在第 10 和第 11 这两天将发生起重机这种资源的冲突，因为在这两天期间，按原计划安排共需三台起重机。

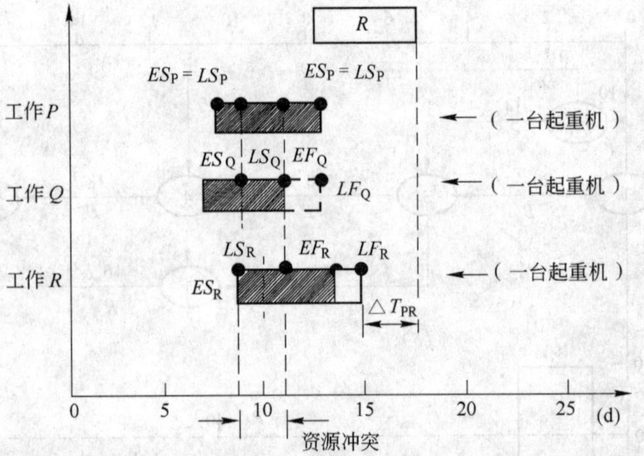

图 3-11 网络计划的资源冲突

如何解决这个冲突呢？当然，本例中只要将任何一项工作推迟到另外任一两项工作之一的后面开工就行了。问题是，推迟哪一个才会使工期不延长或者延长最少呢？是将 P 放在 Q 的后面？还是将 P 放在 R 的后面？或是其他？

为了确定最优安排的法则，我们分析工作后移对工期的影响。

假设将 R 放在 P 的后面(如图 3-11 的空白框形横道所示)，则工期将会增长，其工期增值 ΔT_{PR}可由下式计算：

$$\Delta T_{PR} = EF'_R - LF_R = (EF_P + D_R) - LF_R \tag{3-5}$$

式中 D_R 为工作 R 的持续时间。

因为

$$LF_R - D_R = LS_R$$

所以

$$\Delta T_{PR} = EF_P - LS_R \tag{3-6}$$

考虑将上式化为普遍应用的通式，假设是将工作 J 安排在另一工作 I 的后面，则工期增加值的通式为：

$$\Delta T_{IJ} = EF_I - LS_J \tag{3-7}$$

显然，要使 ΔT_{IJ}最小，就必须选择 EF 值最小的工作安排在前面，而选择 LS 值最大的工作安排在后面。如果同时进行的工作都具有相同的 EF 和 LS 值，则任意安排均为最优解。如果工期增值计算为零或负值，表明不延长工期就可以解决资源的冲突。

现在再以上述安排工作 P、Q、R 的问题为例，从表 3-3 可以看到，EF 值最小的工作为工作 $Q(EF_Q = 11)$，工作 R 的 LS 值最大($LS_R = 10$)，所以把工作 R 放在 Q 的后面是最优解。此时的工期增加值为：

$$\Delta T_{QR} = EF_Q - LS_R = 11 - 10 = 1\text{d}$$

进行这样的调整以后，应当重新检查网络图中相应工作的逻辑关系，必要时加以适当修正。此外，还应当重新计算出各项工作的 ES、EF、LS、LF 等时间参数值。

应当指出：如果由外部调入资源所增加的费用，低于通过调整某些工作、延长工期来解决资源冲突所增加的费用，则应考虑采用调入资源的方案的可能性与合理性。

2. RSM 法计算步骤

(1)计算网络计划时间参数，按 ET 绘制时标网络图，统计资源需用量；

(2)检查网络计划，确定是否存在资源冲突；

(3)调整有资源冲突的时段内的某些工作，按 RSM 法调整：找出该时段内 LS 最大的工作和 EF 最小的工作；取 LS 最大的工作的开始时间为 EF_{min}；

(4)绘制调整后网络计划，并重新计算时间参数，绘制时标网络图和统计资源需用量；

(5)将增加资源所需的费用与重新调整计划增加工期所引起的损失作比较，以确定最经济方案。

二、工期固定——资源均衡优化

连续、均衡、紧凑地安排施工活动，是施工组织的一项基本原则。网络计划的工期固定——资源均衡优化就是在不改变工期的条件下，利用各非关键工作的时差，合理调整某些工作的开工日期，以达到资源消耗尽可能均衡的目的。

(一)资源均衡的判定标准

资源数量在计划期内的分布状态用资源需用量曲线表示。很显然，最理想的状态就是让资源需用量曲线保持为一条水平线。但这在实际上是不可能的，资源需用量曲线总是围绕这条平均水平线上下波动。从曲线的表征形态看，波动的幅度越大就说明资源需用量越是不均衡，反之则是越均衡。但是，在资源均衡优化中需要定量地分析波动幅度的大小。常用的两个定量分析方法是方差标准和极差(或离差)标准，相应地有最小方差法和削峰法两种不同的资源均衡优化方法。

(1)方差标准

方差 σ^2 反映整个工期内资源消耗量偏离平均消耗量的程度。

$$\sigma^2 = \frac{1}{T}\int_0^T [R(t) - R_m]^2 \text{d}t \tag{3-8}$$

式中：$R(t)$——在瞬时 t 需要的某种资源数量；

R_m——资源需用量的平均值，$R_m = \int_0^T R(t)\text{d}t$；

T——工期。

(2)极差标准

极差 H 反映工期内最大资源消耗量偏离平均消耗量的程度。

$$H = \max|R(t) - R_m| \quad t \in [0, T] \tag{3-9}$$

涉及多种资源的网络计划资源均衡优化问题是相当复杂的，目前还没有一种能实际应用的最优化方法。上述对应于方差标准和极差标准的最小方差法和削峰法都是带经验性的优化方法，只能求出近似最优解。但这也毫不妨碍它们在实际工程中的应用。

限于篇幅，本书仅介绍单种资源均衡优化的最小方差法。

(二)最小方差法

1．原理

由式(3-9)，资源需用量曲线的方差为：

$$\sigma^2 = \frac{1}{T}\int_0^T [R(t) - R_m]^2 dt$$
$$= \frac{1}{T}\int_0^T R^2(t) dt - R_m^2 \tag{3-10}$$

由于资源需用量曲线一般都为阶梯状(如图 3-12 所示)，则有：

$$\int_0^T R^2(t) dt = \int_0^1 R_1^2 dt + \int_1^2 R_2^2 dt + \cdots + \int_{r-1}^T R_T^2 dt$$
$$= R_1^2 + R_2^2 + \cdots + R_T^2 = \sum_{n=1}^{T} R_n^2 \tag{3-11}$$

式中 R_n 为第 n 天所需资源数量，$n = 1, 2 \cdots T$。

下面分析工作移动对平方和的影响。

由式(3-10)和(3-11)可知，要使方差 σ^2 最小，也就是应使平方和 $\sum_{n=1}^{T} R_n^2$ 最小。

如图 3-13，设工作 $K—L$ 在时段$(i,\ j)$进行，也就是工作 $K-L$ 是在第 $i+1$ 天开始，在第 j 天结束。资源需用量曲线在第 $i+1$ 天的强度为 R_{i+1}，在第 $j+1$ 天的强度为 R_{j+1}，工作 $K-L$ 所需资源强度为 r_{K-L}。

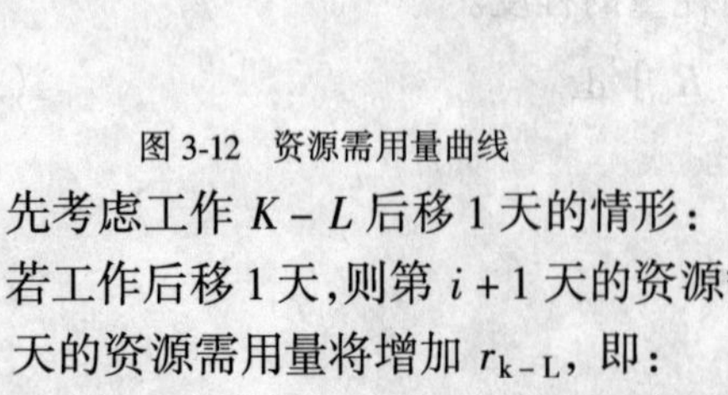

图 3-12　资源需用量曲线

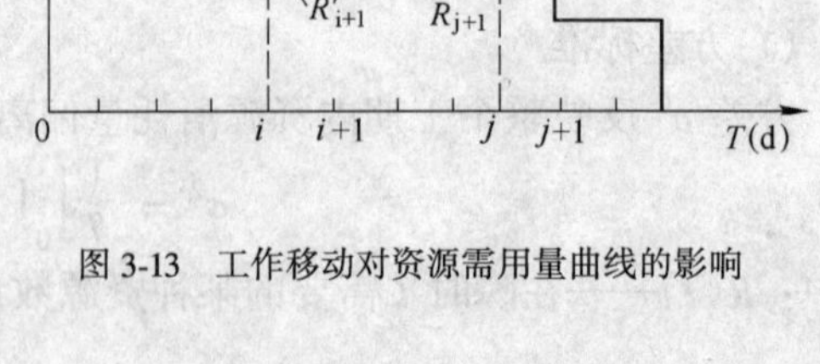

图 3-13　工作移动对资源需用量曲线的影响

先考虑工作 $K-L$ 后移 1 天的情形：

若工作后移 1 天，则第 $i+1$ 天的资源需用量减少 r_{k-L}(因为 $K-L$ 已移出第 $i+1$ 天)，第 $j+1$ 天的资源需用量将增加 r_{k-L}，即：

$$R'_{i+1} = R_{i+1} - r_{k-1} \tag{3-12}$$

$$R'_{j+1} = R_{i+1} + r_{k-1} \tag{3-13}$$

其他各天资源需用量没有变化。

这样，资源需用量平方和的变化值 ε_1 为：

$$\begin{aligned}\varepsilon_1 &= [(R_{j+1} + r_{K-L})^2 + (R_{i+1} - r_{K-L})^2] - [R_{i+1}^2 + R_{j+1}^2] \\ &= 2r_{K-L}(R_{j+1} - R_{i+1} + r_{K-L})\end{aligned} \tag{3-14}$$

令

$$\Delta_1 = R_{j+1} - R_{i+1} + r_{K-L} \tag{3-15}$$

由式(3-14)和式(3-15)可知,若 $\Delta_1 < 0$, $\sum Rn$ 就会减少。这说明将工作 $K-L$ 后移一天能使 σ_2 减少,从而资源分配更加均衡。在这种情况下就应将工作 $K-L$ 后移一天。

然后,用同样的方法继续考虑工作 $K-L$ 是否还能再向后移一天,如果能再后移就再移一天,如此继续下去直到时差用完为止。

若在分析过程中出现 $\Delta_1 > 0$ 的情况,就表明工作 $K-L$ 不宜右移一天,那么就应考虑能否将 $K-L$ 后移 2d(在时差范围内)。

若工作 $K-L$ 后移 2d,同理可分析出平方和 $\sum Rn$ 的变化为:

$$\varepsilon_2 = 2r_{K-L}(\Delta_1 + \Delta_2) \tag{3-16}$$

这时,如果 $\Delta_1 + \Delta_2 < 0$,则工作 $K-L$ 就可后移 2d。反之,就不能后移 2d, 而应继续考虑工作 $K-L$ 能否后移 3d。……如此继续下去, 直至受工作时差的约束而不允许移动为止,这样 $K-L$ 工作就处理完毕了。

按上述原则一个工作接着一个工作进行处理,直至处理完所有工作即完成一个循环。

2. 计算步骤

(1)计算网络时间参数,找出关键线路,绘制时标网络计划及资源需用量曲线。

(2)按事件最早时间由迟向早的顺序,自后向前对非关键工作逐个进行分析, 决定是否后移。

① 对工作 $K-L$: 计算 $\Delta_1 = R_{j+1} - R_{i+1} + r_{K-L}$

若 $\Delta_1 \leqslant 0$ 右移一天

继续考虑再移动一天的情况

反之 $\Delta_1 > 0$ 则不移

②当 $\Delta_1 > 0$ 时,计算 $\Delta_1 + \Delta_2 = (R_{j+1} - R_{i+1} + r_{K-L}) + (R_{j+2} - R_{i+2} + r_{K-L})$

若 $\Delta_1 + \Delta_2 \leqslant 0$ 右移 2d

继续考虑移动一天和二天的情况

反之 $\Delta_1 + \Delta_2 > 0$ 则不移

如此进行,直至 $K-L$ 不能移动或不宜移动为止。

(3)每个工作移动完毕后,重新计算时间参数, 重作时标网络计划和相应的资源需用量曲线,然后考察下一个工作。

(4)所有能移动且宜移动的非关键工作都移动完毕后,即完成一个循环。第一个循环完成后,然后再进行第二循环的调整,直至所有工作都不能或不宜移动为止。

复 习 题

1. 试叙述网络计划资源有限—工期最短优化(RSM 法)的基本原理和计算步骤。

2. 在网络计划中,如何判断施工进度计划的资源强度是否均衡? 写出判别公式。

3. 图 3-14 所示网络计划,若规定工期为 20d,应如何调整网络计划?

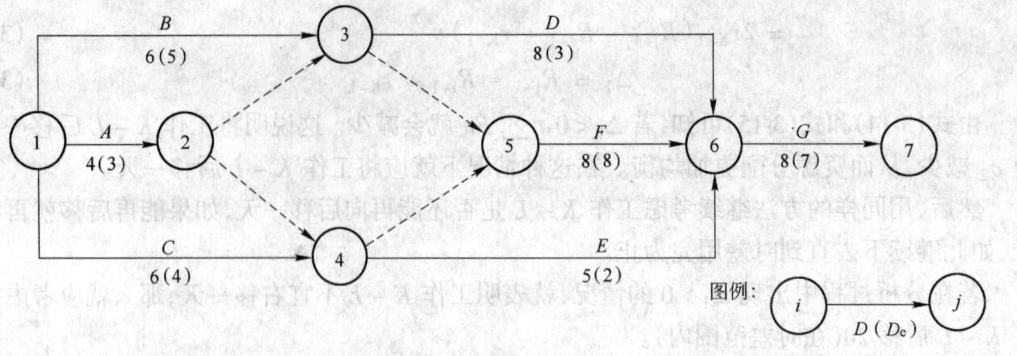

图 3-14 某基础工程网络计划图

4. 根据表 3-4 所列数据，试按渐近法求出缩短工期，而直接费用增加最小的方案。

表 3-4

工作代号	正常时间		最短时间	
	工作时间(d)	成 本(元)	工作时间(d)	成 本(元)
①→②	10	20	5	300
②→③	20	200	10	300
②→④	40	1800	30	2700
②→⑦	28	500	20	580
③→⑤	8	150	8	150
④→⑥	0	0	0	0
④→⑦	10	100	6	260
⑤→⑥	30	3000	10	6600
⑥→⑦	20	2800	8	3400
⑥→⑧	24	1000	14	1650
⑦→⑨	10	200	6	520
⑧→⑨	12	400	8	520

5. 某网络计划如图 3-15 所示，要求在工期不改变的前提下编制资源较均衡的计划。

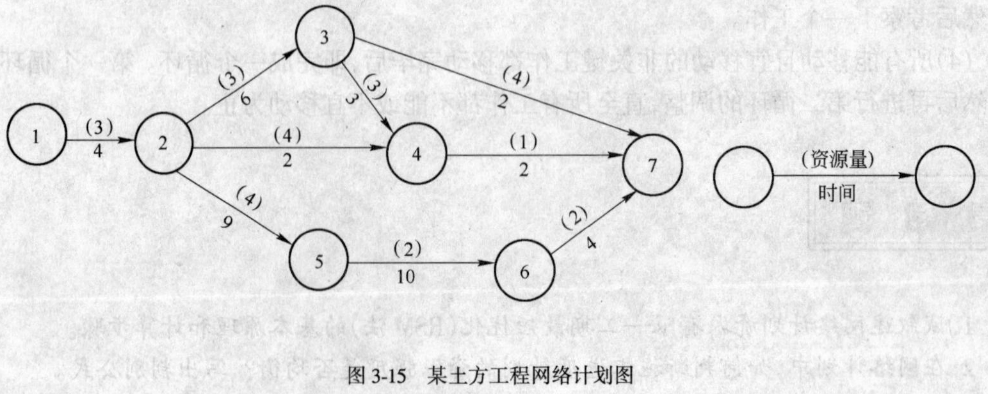

图 3-15 某土方工程网络计划图

6. 某网络计划有关数据如表 3-5 所列：求每天至多供应 18、20、32 单位资源时的工期最短的方案。

表 3-5

工作代号	持续时间	每天资源消耗量	工作代号	持续时间	每天资源消耗量
①→②	1	10	③→⑥	5	12
①→③	5	20	④→⑤	0	0
②→③	3	14	④→⑥	5	18
②→④	2	16	⑤→⑥	3	16
③→⑤	6	16			

第四章　其他网络计划方法

[自学提要] 本章介绍计划评审技术、搭接网络计划和流水网络计划三种专门网络计划技术，旨在使学员更好地掌握各种施工组织方式下的网络计划关系。对“计划评审技术”，要求掌握在工作时间不确定条件下的网络计划工期估计方法及概率计算；对“搭接网络计划”和“流水网络计划”，要求重点掌握在搭接施工和流水施工组织时的搭接网络计划和流水网络计划模型建立和时间参数计算。

第一节　计划评审技术(PERT)

前面介绍的网络计划方法，都有两个特点。一是网络中各工作间的逻辑关系是肯定不变的，只有全部先行工作都完成后，后面紧接着的工作才能开始；二是各工作的持续时间都有一个肯定的值。这种网络计划称为肯定型网络计划。但是，实际工程却往往并不都如此“肯定”。工程施工由于受自然条件、施工方法、协作关系等方面的影响，施工方案也必须随不同情况而改变，工作间的关系也就不那么肯定了。另外，工作的持续时间也受各种随机因素的影响而成为不确定。为满足实际工作需要，反映施工过程的随机性，就产生了各种不同的非肯定型网络计划方法。

计划评审技术简称 PERT(Program Evaluation and Review Technique)，它是一种工作间逻辑关系肯定，而某些或全部工作的持续时间不能准确确定的概率网络计划分析方法。相对于肯定型网络计划而言，这显然更符合客观实际情况，尤其适用于编制不可预见因素较多的、过去未做过的新的工程和复杂工程的进度计划。

应用计划评审技术(PERT)分析工程进度问题的步骤包括：(1)编制网络图；(2) 估计工作持续时间；(3)计算网络计划时间参数；(4)确定关键线路；(5) 计算各事件和整个网络计划的完成时间和相应的概率估计。其中(1)项与第二章所述相类同，本处不再赘述。

一、工作持续时间的估计

(一) 三时估计法

在 PERT 中，由于工作持续时间具有不肯定性，为一随机变量，因此必须应用概率统计理论，依据过去类似工作的一些数据资料，才能求出工作持续时间的分布情况。但是过去经验所能提供的资料常常是很有限的，不足以分析出工作持续时间的理论分布，需采用近似的处理方法。通常是采用三时估计法，对一项工作估计出最短、最长和最可能三种持续时间，再加权平均算出一个期望值作为持续时间。

(1)最短估计时间(a)——按顺利条件估计的，完成某项工作所需的持续时间。通常也称最乐观时间。

(2)最长估计时间(b)——按不利条件估计的，完成某项工作所需的持续时间。通常也称最悲观时间。一般认为，这时间包括施工开始阶段由于配合不好造成的进度拖延时间以及其他窝工现象所浪费的时间，但不包括非常事故造成的停工时间。

(3)最可能估计时间(m)——按正常条件估计的，完成某项工作最可能的持续时间，它是在同样条件下，多次进行某一工作时，完成机会最多的估计时间。通常也简称为最可能时间。

a、b、m三个估计值如图4-1所示，它是某一随机过程出现频率(次数)分布的三个有代表性的数值。这种频率分布的主要特点是：其他所有的可能估计值位于a和b两边界之间，如果将此过程进行若干次，可以观察到以不同频率出现的各时间估计值位于a和b为界的区间内。

PERT中将工作持续时间D视为一连续型随机变量，从而根据它的某种规律求出D取某个数值出现的可能性。

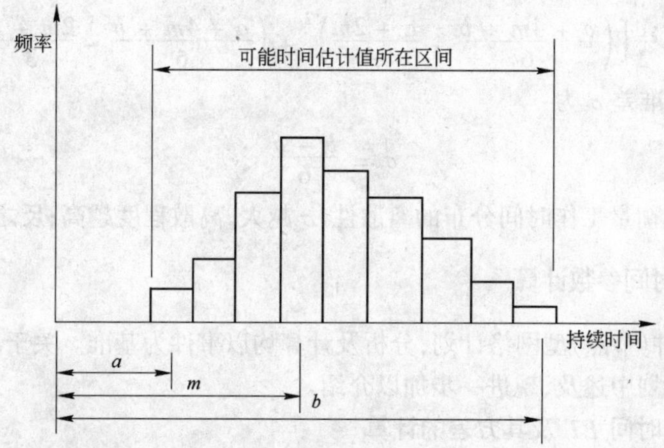

图4-1　工作持续时间的分布

(二)期望工作持续时间 *De* 的计算

虽然每个工作的持续时间已由a、b、m三个估计值表示，但仍无法进行网络计划的计算。在进行网络计划的计算前，需要利用概率中期望数值的概念，由a、b、m三值和它们的分布求出期望工作持续时间De。

假定m发生的可能性两倍于a，也两倍于b，则用加权平均方法求出a、m和b、m之间的平均值为：

$$a、m\text{之间的平均值} = \frac{a+2m}{3}$$

$$b、m\text{之间的平均值} = \frac{b+2m}{3}$$

则期望工作持续时间为：

$$De = \frac{1}{2}\left(\frac{a+2m}{3} + \frac{2m+b}{3}\right) = \frac{a+4m+b}{6} \tag{4-1}$$

例1　有甲和乙二工作，其a、b、m和De值如下：

工作甲：　$a=4, m=6, b=8, De=\frac{4+24+8}{6}=6$

工作乙：　$a=3, m=5, b=13,\ De=\frac{3+20+13}{6}=6$

式(4-1)中，当$a=b=m$时，工作的持续时间是确定的，如果网络计划中全部工作的持续时间都如此，则该网络计划就是一般肯定型网络计划。由此可知，一般肯定型网络计划是PERT的一个特例。

（三）工作时间标准差 σ 的计算

由例1中发现，甲、乙两工作的 a、b、m 各不相同，而计算出的 De 均为6。因此，仅用 De 估计工作持续时间是不全面的，需用某种指标衡量 a、b、m 分布的差异。

由上述求期望工作持续时间的方法可知，期望工作持续时间 De 与第一次平均值之差各为：

$$\frac{a+4m+b}{6}-\frac{a+2m}{3} \text{和} \frac{a+4m+b}{6}-\frac{2m+b}{3}$$

我们将差值平方和的平均定义为方差，并用 σ^2 表示，即：

$$\sigma^2=\frac{1}{2}\left[\left(\frac{a+4m+b}{6}-\frac{a+2m}{3}\right)^2+\left(\frac{a+4m+b}{6}-\frac{2m+b}{3}\right)^2\right] \tag{4-2}$$

则工作时间标准差 σ 为：

$$\sigma=\frac{b-a}{6} \tag{4-3}$$

标准差 σ 之值衡量工作时间分布的离散性，σ 越大，离散程度越高；反之，离散性就越小。

二、网络计划时间参数计算

PERT属于事件（节点）型网络计划，分析及计算均以事件为基准。关于事件时间参数计算已在肯定型网络计划中述及，现进一步加以介绍。

（一）事件最早时间 ET 及其方差的计算

根据式(4-1)求得各工作期望持续时间 De 后，可按一般双代号网络计划方法确定事件的最早时间。

起点事件：
$$ET_1=0 \tag{4-4}$$

其他事件：
$$ET_j=\max\{ET_i+(De)_{i-j}\} \quad (0\leqslant i<j\leqslant n) \tag{4-5}$$

由于各个工作的持续时间 $(De)_{i-j}$ 都是期望值，故事件最早时间 ET 也都是随机变量，按上式求得的 ET_j 也是期望值。它的方差为：

起点事件：
$$\sigma^2(ET_1)=0 \tag{4-6}$$

其他事件：
$$\sigma^2(ET_j)=\sigma^2(ET_i)+\sigma^2_{i-j} \tag{4-7}$$

式中：$\sigma^2(ET_1)$——起点事件最早时间的方差；

$\sigma^2(ET_i)$——事件 i 最早时间的方差；

$\sigma^2(ET_j)$——事件 j 最早时间的方差；

σ^2_{i-j}——$i-j$ 工作持续时间的方差。

（二）事件最迟时间 LT 及其方差的计算

按一般双代号网络计划方法确定事件的最迟时间。

终点事件：
$$LT_n\begin{cases}ET_n & \text{无工期要求时}\\ PT & \text{有要求工期 } PT \text{ 时}\end{cases} \tag{4-8}$$

其他事件：
$$LT_i=\min\{LT_j-(De)_{i-j}\} \quad (0\leqslant i<j\leqslant n) \tag{4-9}$$

同理，LT 亦为随机变量，按式（4-8）、（4-9）求得的 LT 都是期望值，其方差的计算公式为：

终点事件：
$$\sigma^2(LTn) = 0 \tag{4-10}$$
其他事件：
$$\sigma^2(LT_i) = \sigma^2(LT_j) + \sigma_{i-j}^2 \tag{4-11}$$
式中：$\sigma^2(LTn)$——终点事件最迟时间的方差；

$\sigma^2(LT_i)$——i 事件最迟时间的方差；

$\sigma^2(LT_j)$——j 事件最迟时间的方差。

(三)事件时差的计算

事件时差是指代表该事件的节点的移动范围，通常也称为松弛时间，用 SL 表示。

事件 i 的时差 SL_i 就是事件 i 的最迟时间 LT_i 与最早时间 ET_i 之差。即
$$SL_i = LT_i - ET_i \tag{4-12}$$
事件时差 SL_i 也是一个随机变量，上式的计算结果为其期望值，它的方差可按下式计算：
$$\sigma^2(SL_i) = \sigma^2(ET_i) + \sigma^2(LT_i) \tag{4-13}$$
式中：$\sigma^2(SL_i)$——事件时差 SL_i 的方差。

(四)期望关键线路的确定

在 PERT 网络计划中，$SL_i = 0$ 的事件为关键事件。

完全由关键事件构成，并且对线路上任意工作 $i-j$ 满足 $(De)_{i-j} = ET_j - ET_i$ 的线路，称为期望关键线路，简称为关键线路。与肯定型网络类似，PERT 网络计划中，可有一条或数条期望关键线路。

三、网络计划完工的概率估计

(一)网络计划完工时间 *Te* 的概率分布

在 PERT 网络中，对每项工作根据式(4-1)求出期望工作持续时间 De 后，然后计算时间参数和确定关键线路。关键线路上各工作的期望持续时间 De 之和就是网络计划完工时间的期望值 Te（或称期望总工期），即：
$$Te = \sum_{(i-j)\in cp} D_{i-j} = \sum_{(i-j)\in cp} \frac{a_{i-j} + 4m_{i-j} + b_{i-j}}{6} \tag{4-14}$$
由于各个工作的持续时间为随机变量，故完工时间 Te 也是一个随机变量。根据概率统计定理“若干相互独立随机变量的和的方差等于各该随机变量本身方差的和”，随机变量 Te 的方差 σ_T^2 为：
$$\sigma_T^2 = \sum_{(i-j)\in cp} \sigma_{i-j}^2 = \sum_{(i-j)\in cp} \left(\frac{b_{i-j} - a_{i-j}}{6}\right)^2 \tag{4-15}$$
由概率统计定理可知，当随机变量的个数足够多时，多个随机变量的和是一个趋于正态分布的随机变量。因此，当关键线路上的工作足够多时，网络计划的完成时间 Te 近似服从以 Te 为期望，以 σ_T 为标准差的正态分布，即：
$$Te \sim N(Te, \sigma_T^2) \tag{4-16}$$
(二)网络计划完工的概率估计

由于 PERT 中部分工作甚至全部工作的持续时间是不确定的，因而不可能准确估计网络计划的完工时间，需要用完工概率指标反映项目完工可能性大小。

设工程项目在规定工期 PT 前完工的概率为 $P(t \leqslant PT)$，由于工程的完成时间 Te 服从正态分布 $N(Te, \sigma_T^2)$，则有：

$$P(t \leqslant PT) = \int_{-\infty}^{PT} \frac{1}{\sigma_T \sqrt{2\pi}} e^{-\frac{1}{2}[(t-Te)/\sigma_T]^2} dt \tag{4-17}$$

其数值为如图 4-2 中曲线下面的非阴影部分的面积。

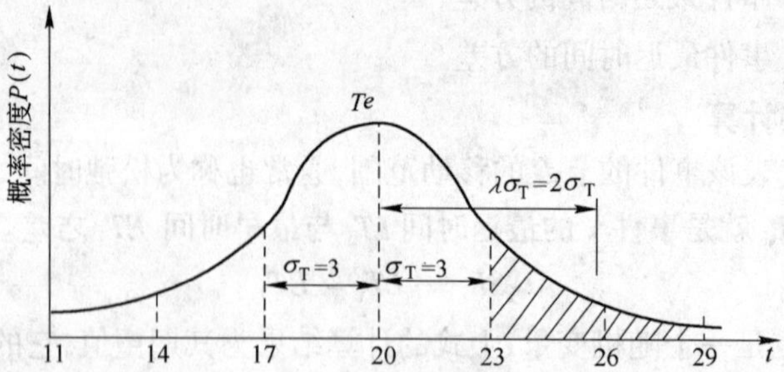

图 4-2 网络计划完工时间的概率分布

显然,若 $PT = Te$,其完工概率 $P = 0.5$;当 $PT > Te$ 时,$P > 0.5$;当 $PT < Te$ 时,则 $P < 0.5$。

此外,完工的可能性与 σ_T 有关,σ_T 值越大,则曲线的离散程度也越大,按规定工期完工的可能性就越小。

在实际计算中,可利用标准正态分布概率表计算。为此,对式(4-17) 作如下变换:令 $\frac{t - Te}{\sigma_T} = T, dt = \sigma_T dT$,原积分的上限则变为 $\frac{PT - Te}{\sigma_T}$ 。从而得如下标准正态分布形式:

$$P\left(T \leqslant \frac{PT - Te}{\sigma_T}\right) = \int_{-\infty}^{(PT-Tc)/\sigma_T} \frac{1}{\sqrt{2\pi}} e^{-\frac{1}{2}T^2} dT \tag{4-18}$$

利用正态分布概率表(表 4-1)时,先求出概率因子 Z 值

$$Z = \frac{PT - Te}{\sigma_T} \tag{4-19}$$

然后可从表 4-1 中查得在规定工期 PT 前完工的概率 P。

正态分布概率函数表 表 4-1

Z	P	Z	P	Z	P	Z	P
0.0	0.5000	−1.6	0.0548	+0.1	0.5398	+1.7	0.9554
−0.1	0.4602	−1.7	0.0446	+0.2	0.5793	+1.8	0.9641
−0.2	0.4207	−1.8	0.0359	+0.3	0.6179	+1.9	0.9713
−0.3	0.3821	−1.9	0.0287	+0.4	0.6554	+2.0	0.9970
−0.4	0.3446	−2.0	0.0228	+0.5	0.6915	+2.1	0.9821
−0.5	0.3085	−2.1	0.0179	+0.6	0.7257	+2.2	0.9861
−0.6	0.2743	−2.2	0.0139	+0.7	0.7580	+2.3	0.9893
−0.7	0.2420	−2.3	0.0107	+0.8	0.7881	+2.4	0.9918
−0.8	0.2129	−2.4	0.0082	+0.9	0.8159	+2.5	0.9938
−0.9	0.1841	−2.5	0.0062	+1.0	0.8413	+2.6	0.9953
−1.0	0.1587	−2.6	0.0047	+1.1	0.8643	+2.7	0.9965
−1.1	0.1357	−2.7	0.0035	+1.2	0.8849	+2.8	0.9974
−1.2	0.1151	−2.8	0.0026	+1.3	0.9032	+2.9	0.9981
−1.3	0.0968	−2.9	0.0019	+1.4	0.9192	+3.0	0.9987
−1.4	0.0808	−3.0	0.0014	+1.5	0.9332		
−1.5	0.0668	0.0	0.5000	+1.6	0.9452		

利用正态分布概率表和式(4-19)还可以计算出在某一规定完工概率 P 下所要求的计划完成时间 PT,这时,先从表 4-1 中查出对应于 P 的 Z 值,再由式(4-19)反算出 PT 值。

(三)关键线路

在 PERT 中,对于每项工作按三时估计法,得出了期望持续时间 De 后,即可按与肯定型网络相类似的方法选出期望关键线路。由于 PERT 网络的完成时间为一随机变量,确切的做法应按概率方法对其关键线路重新定义。PERT 的网络计划的关键线路是指构成网络图的所有线路中,按规定工期完成的可能性最小的一条或几条线路。

由此看出,前面选出的所谓期望关键线路可认为是在以 50% 的可能性来完成整个计划的条件下确定的"关键线路"。

四、计算示例

某工程的网络计划如图 4-3 所示。(1)若规定工期分别为 18d、19d、20d 和 23d,试计算其完工可能性有多大?(2)若要求完成的可能性达到 94.5%,则规定工期至少应为多少天?

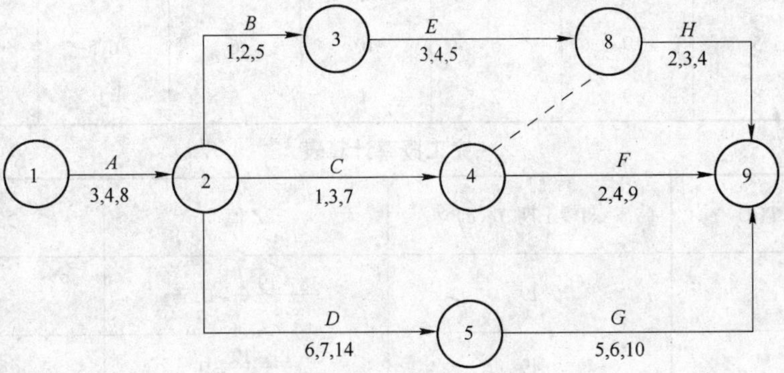

图 4-3 PERT 网络计划计算例题

解 (1)计算各工作的期望持续时间 De,见表 4-2。

(2)计算事件时间参数,找出期望关键线路。

图 4-3 的期望关键线路为①→②→⑤→⑨。

(3)计算关键线路上工作的方差 σ^2(见表 4-2 第 8 栏)和网络计划期望最早完成时间 Te 及其标准差 σ_T。

$$Te = 8 + 4.5 + 6.5 = 19$$

$$\sigma_T = \sqrt{\frac{25}{36} + \frac{64}{36} + \frac{25}{36}} = 1.8$$

(4)计算完工概率 P 如表 4-3。

$$Z = \frac{PT - Te}{\sigma_T}$$

由 Z 查表 4-1 即得 P 值。

(5)计算要求概率下的要求工期 PT

由 $P = 0.945$ 查表 4-1 得 $Z = 1.6$

$$\frac{PT - Te}{\sigma_T} = \frac{PT - 19}{1.8} = 1.6$$

故 $PT \approx 22\text{d}$。

工作持续时间及方差计算表 表 4-2

工作名称	节点编号		工作持续时间				关键工作方差
	i	j	a	b	m	De	σ^2
1	2	3	4	5	6	7	8
A	1	2	3	8	4	4.5	25/36
B	2	3	1	5	2	2.3	
C	2	4	1	7	3	3.3	
D	2	5	6	14	7	8	64/36
E	3	8	3	5	4	4	
虚工作	4	8	0	0	0	0	
F	4	9	2	9	4	4.5	
G	5	9	5	10	6	6.5	25/36
H	8	9	2	4	5	3	

完工概率计算表 表 4-3

规定工期 PT(d)	期望工期 Te(d)	Z 值	完工概率 P
18	19	$\frac{18-19}{1.8}=-0.56$	28.9%
19	19	$\frac{19-19}{1.8}=0$	50.0%
20	19	$\frac{20-19}{1.8}=0.56$	71.2%
23	19	$\frac{23-19}{1.8}=2.2$	98.6%

第二节　搭接网络计划方法

在前面所述的网络计划方法中,工作之间的逻辑关系是一种衔接关系。也就是说,一项工作必须在它的紧前工作全部完成后才能开始。但是,在实际工程中,为了缩短项目工期,常常需要将某些相邻工作安排成搭接关系,即只要紧前工作开工一段时间能为紧后工作提供一定的开工条件后,紧后工作就可以插入而与紧前工作平行施工。若用一般网络计划方法表示这种关系,常需将工作划分为若干部分才能做到。

如图 4-4a)示 A、B 两工作的逻辑关系,用双代号(对接)网络计划和单代号(对接) 网络计划表示见图 4-4b)和图 4-4c),均需将 A 工作划分为 A_1 和 A_2 两个工作。这种表示方法虽然关系清楚,严格,但显得十分麻烦,并且相邻工作间的搭接也并非仅是各工作的开始时间。

为了清楚、明确地直接在网络计划中表达各种搭接关系,国外相继提出了多种新型网络计划技术,如美国的前导网络法(PDM),原西德的组合网络法(BKN)和法国的梅特拉位法(MPM)等。虽然这些方法的名称不一,但其基本原理相似,可概括称作搭接网络计划。搭接网

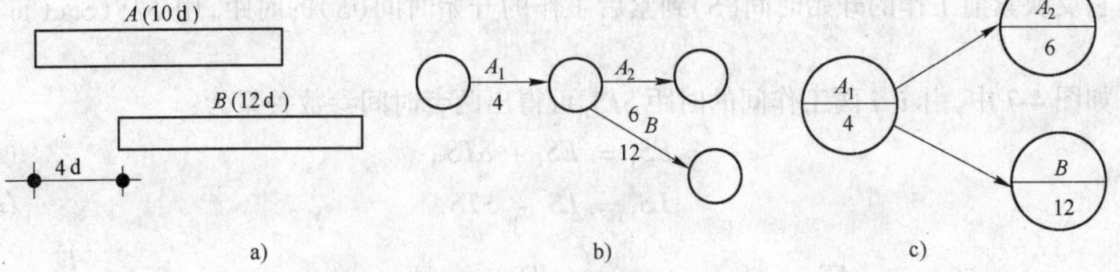

图 4-4　相邻工作搭接关系的表示

络计划的模型可有单代号和双代号网络之分，本教材仅介绍单代号网络形式，即以节点表示工作，节点间的箭线表示逻辑顺序和搭接关系。其特点是工作关系明确、清晰，且能表示出一般网络中不便表达的各种搭接关系。

一、搭接网络计划的搭接关系

在一般对接网络计划中，相邻两项工作间的关系均是衔接关系。而搭接网络中的相邻工作有多种连接关系，各种不同连接关系是由相邻工作之间的不同时距决定的。

时距就是相邻两工作先后开始或结束的时间间距。如图 4-5 所示，设图中前后两个方框表示相邻两项工作，方框中的前后两个圆圈表示该工作的开始（*S*）和结束（*F*）时间，箭线代表工作持续时间。则由图 4-5 可看出，相邻两项工作间的关系有五种形式。它们是：(1)结束到开始（*FTS*）的连接关系；(2)开始到开始（*STS*）的连接关系；(3)结束到结束（*FTF*）的连接关系；(4)开始到结束（*STF*）的连接关系；(5)混合连接关系。其中，前 4 种连接关系是最基本的。

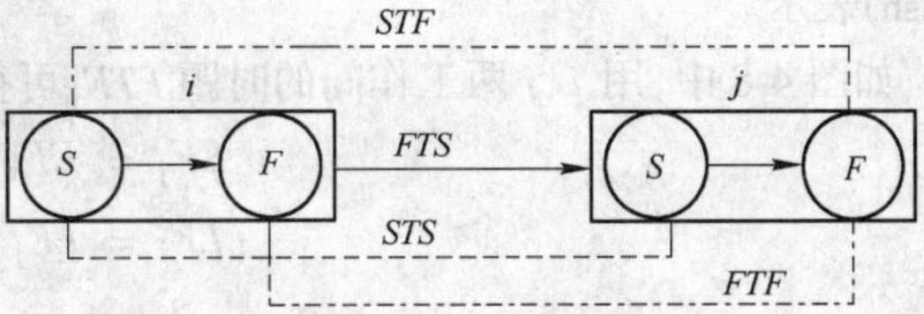

图 4-5　工作间的时距

(一)结束到开始（*FTS*）时距的连接关系

反映紧前工作的完成时间（*F*）到紧后工作的开始时间（*S*）的时距，用 *FTS*（Finish to Start）来表示。如图 4-6 所示，由 *i*、*j* 两工作间的时距 FTS_{ij} 可得出两者时间参数的关系为：

$$ES_j = EF_i + FTS_{ij} \tag{4-20}$$

$$LF_i = LS_j - FTS_{ij} \tag{4-21}$$

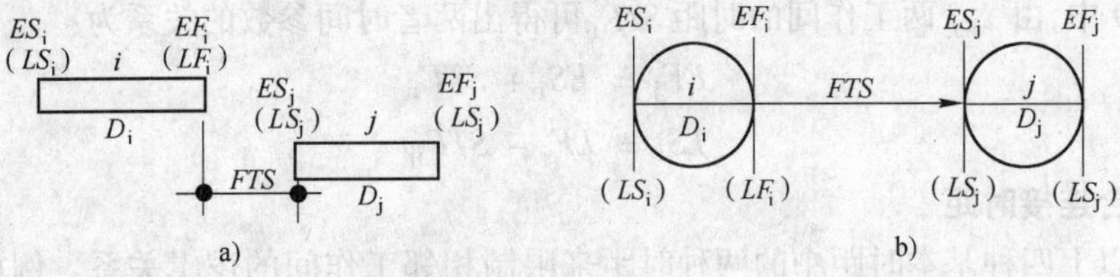

图 4-6　*FTS* 时距的表示方法

a)从横道图看 *FTS* 时距；b)用搭接网络计划表示

(二)开始到开始(*STS*)时距的连接关系

它反映紧前工作的开始时间(*S*)到紧后工作的开始时间(*S*)的时距,用 *STS*(Start to Start)表示。

如图 4-7 中,由 i、j 两工作间的时距 STS_{ij} 可得出两者时间参数关系为:

$$ES_j = ES_i + STS_{ij} \tag{4-22}$$

$$LS_i = LS_j - STS_{ij} \tag{4-23}$$

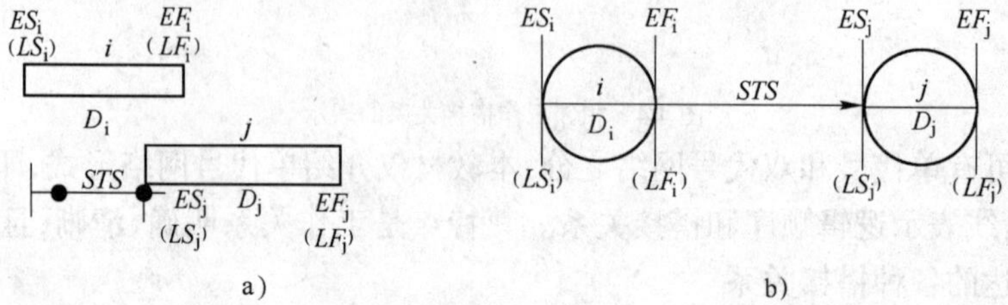

图 4-7　*STS* 时距的表示方法

a)从横道图看 *STS* 时距;b)用搭接网络计划表示

(三)结束到结束(*FTF*)时距的连接关系

它反映紧前工作的结束时间(*F*)到紧后工作的结束时间(*F*)的时距,用 *FTF*(Finish to Finish)表示。

如图 4-8 中,用 i、j 两工作间的时距 FTF_{ij} 可得出两者间时间参数的关系为:

$$EF_j = EF_i + FTF_{ij} \tag{4-24}$$

$$LF_i = LF_j - FTF_{ij} \tag{4-25}$$

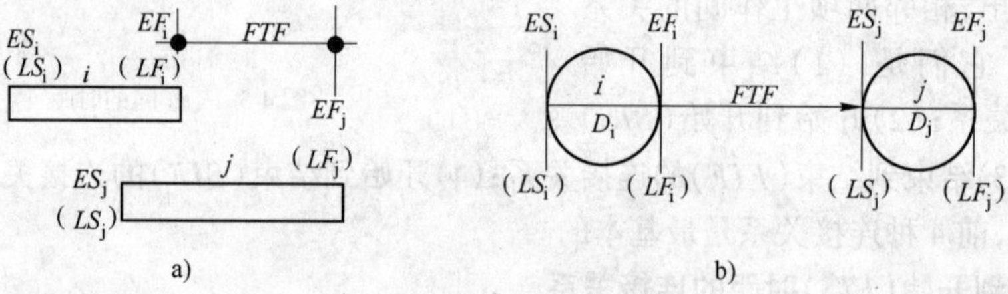

图 4-8　*FTF* 时距的表示方法

a)从横道图看 *FTF* 时距;b)用搭接网络计划表示

(四)开始到结束(*STF*)时距的表示方法

它反映紧前工作的开始时间(*S*)到紧后工作的结束时间(*F*)的时距,用 *STF*(Start to Finish)表示。

如图 4-9 中,由 i、j 两工作间的时距 STF_{ij} 可得出两者时间参数的关系为:

$$EF_j = ES_i + STF_{ij} \tag{4-26}$$

$$LS_i = LF_j - STF_{ij} \tag{4-27}$$

(五)混合连接时距

它是由以上四种基本时距中的两种时距来限制相邻工作间的逻辑关系。例如,既有开始到开始(*STS*),又有结束到结束(*FTF*)的限制,如图 4-10 所示,这时相邻两个工作受到 *STS* 和 *FTF* 连接关系同时控制。其时间参数间的关系必须同时满足式(4-22~25)。

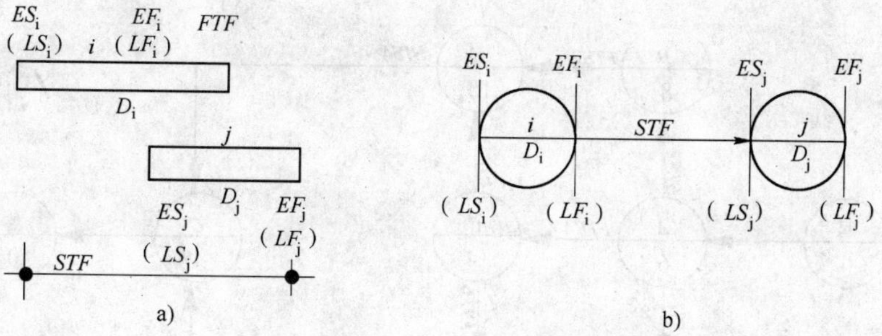

图 4-9　*STF* 时距的表示方法

a)从横道图看 *STF* 时距；b)用搭接网络计划表示

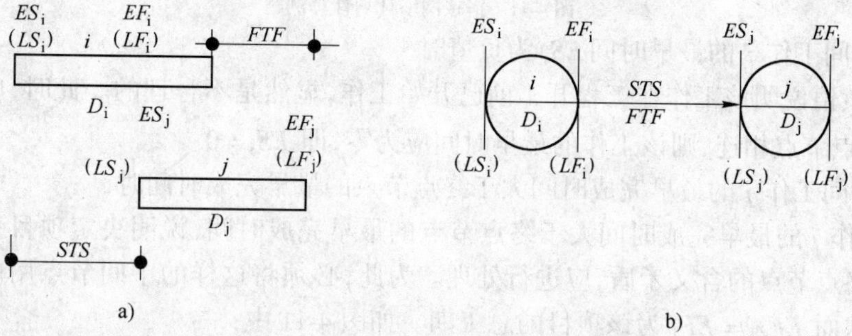

图 4-10　*STS* 与 *FTF* 混合时距表示方法

a)从横道图看同时起控制作用的 *STS*、*FTF* 时距；b)用搭接网络计划表示

二、单代号搭接网络计划的工作时间参数计算

搭接网络计划的工作时间参数包括：

最早开始时间 ES

最早完成时间 EF

最迟开始时间 LS

最迟完成时间 LF

总时差 TF

自由时差 FF

此处仅介绍前四个工作时间参数的计算，关于总时差和自由时差的计算将在稍后阐述。为便于叙述，以图 4-11 所示的搭接网络计划为例进行分析计算。

（一）最早开始时间（ES）和最早完成时间（EF）的计算

计算最早时间参数从起点节点开始沿箭线方向向终点节点进行。其计算方法决定于相邻工作的连接关系，可根据不同的时距分别按式(2-18)、(4-20)、(4-22)、(4-24)和(4-26)计算。计算时，如果在一项工作前有两项以上紧前工作，则应分别按上述对应公式计算后从中取最大值。

计算时如遇下列情况，则应加以调整。

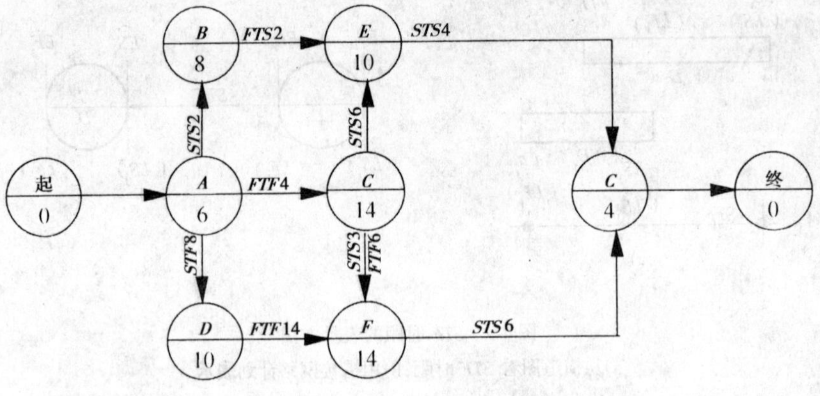

图 4-11　搭接网络计划计算例题

1. 当中间工作 i 的最早时间 ES_i 为负值时

ES_i 为负值说明该工作在工程开工前已开始工作,显然是不合理的。此时,应将该工作用虚箭线与起点节点相连,则该工作的最早时间应为零,即 $ES_i = 0$。

2. 当中间工作 j 的最早完成时间大于终点节点的最早完成时间时

中间工作 j 的最早完成时间大于终点节点的最早完成时间,说明决定项目工期的是中间工作,这与终点节点的含义矛盾,应进行处理。为此,必须将这样的中间节点用虚箭线与终点节点相连,从而 $EF_{终} = EF_j$ 为该项目的总工期。如图 4-11 中:

$$ES_{起} = 0 \qquad EF_{起} = 0$$

$$ES_A = 0 \qquad EF_A = 0 + 6 = 6$$

$$ES_B = ES_A + STS_{AB} = 0 + 2 = 2 \qquad EF_B = 2 + 8 = 10$$

$$EF_C' = EF_A + FTF_{AC} = 6 + 4 = 10 \qquad ES_C' = 10 - 14 = -4$$

将 C 与起点用虚箭线连接,故

$$ES_C = 0 \qquad EF_C = 0 + 14 = 14$$

$$EF_D' = ES_A + STF_{AD} = 0 + 8 = 8 \qquad ES_D' = 8 - 10 = -2$$

将 D 与起点用虚箭线连接,故

$$ES_D = 0 \qquad EF_D = 0 + 10 = 10$$

$$ES_E = \max\begin{cases} EF_B + FTS_{BE} = 10 + 2 = 12 \\ ES_C + STS_{CE} = 0 + 6 = 6 \end{cases} = 12$$

$$EF_E = 12 + 10 = 22$$

$$EF_F = \max\begin{cases} ES_C + STS_{CF} + D_F = 0 + 3 + 14 = 17 \\ EF_C + FTF_{CF} = 14 + 6 = 20 \\ EF_D + FTF_{DF} = 10 + 14 = 24 \end{cases} = 24$$

$$ES_F = 24 - 14 = 10$$

$$ES_G = \max\begin{cases} ES_E + STS_{EG} = 12 + 4 = 16 \\ ES_F + STF_{FG} - D_G = 10 + 6 - 4 = 12 \end{cases} = 16$$

$$EF_G = 16 + 4 = 20$$

$$ES_{终} = EF_G = 20 \qquad EF_{终} = 20$$

由于 $EF_{终} < EF_F$，将 F 与终点用虚箭线连接起来，即

$EF_{终点} = 24 \qquad ES_{终} = 24\text{-}0 = 24$

计算结果见图 4-12。

(二)最迟开始时间 *LS* 和最迟完成时间 *LF* 的计算

计算最迟时间参数必须从终点开始逆箭线方向向起点计算。计算公式可根据不同时距分别见式(2-21)、(4-22)、(4-23)、(4-25)和(4-27)。计算时，以终点节点时间作为工程最迟完成时间，由终点向起点依次进行。如果某工作之后有两种或两种以上连接关系时，则应分别按上述对应计算公式计算后从中取最小值。

计算时，如遇中间工作的最迟完成时间(LF_i)大于工程的总工期时，则应加以调整。

中间工作的最迟完成时间大于总工期，说明总工期变为由该中间工作控制了，这显然不合理。为此，将该中间工作 i 与网络计划的终点节点用虚箭线相连，这就是要求该中间工作的最迟完成还应受总工期约束。这时该中间工作的最迟完成时间应取终点节点的最迟完成时间 $LF_{终}$(工程总工期)，即 $LF_i = LF_{终}$。

如图 4-11 中，在计算出各工作最早开始时间 ES 和最早完成时间 EF 后，可对各工作节点的最迟完成时间 LF 和最迟开始时间 LS 计算如下：

$LF_{终} = 24 \qquad LS_{终} = 24$

$LF_G = LS_{终} = 24 \quad LS_G = 24 - 4 = 20$

$$LS_F = \min\begin{Bmatrix} LF_G - STF_{FG} = 24 - 6 = 18 \\ LS_{终} - D_F = 24 - 14 = 10 \end{Bmatrix} = 10$$

$LF_F = 10 + 14 = 24$

$LS_E = LS_G - STS_{EG} = 20 - 4 = 16$

$LF_E = 16 + 10 = 26 > LS_{终}$ 不合理

为此，将 E 用虚箭线与终点连接起来，则

$$LF_E = \min\begin{Bmatrix} LS_G - STS_{EG} + D_E = 20 - 4 + 10 = 26 \\ LS_{终} = 24 \end{Bmatrix} = 24$$

$LS_E = 24 - 10 = 14$

$LF_D = LF_F - FTF_{DF} = 24 - 14 = 10 \quad LS_D = LF_D - 10 = 10 - 10 = 0$

$$LS_C = \min\begin{Bmatrix} LS_E - STS_{CE} = 14 - 6 = 8 \\ LS_F - STS_{CF} = 10 - 3 = 7 \\ LF_F - FTF_{CF} - D_C = 24 - 6 - 14 = 4 \end{Bmatrix} = 4$$

$LF_{CF} = LS_C + 14 = 4 + 14 = 18$

$LF_B = LS_E - FTS_{BE} = 14 - 2 = 12$

$LS_B = 12 - 8 = 4$

$$LS_A = \min\begin{Bmatrix} LS_B - STS_{AB} = 4 - 2 = 2 \\ LF_C - FTF_{AC} - D_A = 18 - 4 - 6 = 8 \\ LF_D - STS_{AD} = 24 - 8 = 16 \end{Bmatrix} = 2$$

$LF_A = LS_A + D_A = 2 + 6 = 8$

$$LF_{起} = \min\begin{cases} LS_C = 4 \\ LS_A = 2 \\ LS_D = 0 \end{cases} = 0$$

$LS_{起} = 0$

最迟时间参数的计算结果标于图 4-12。

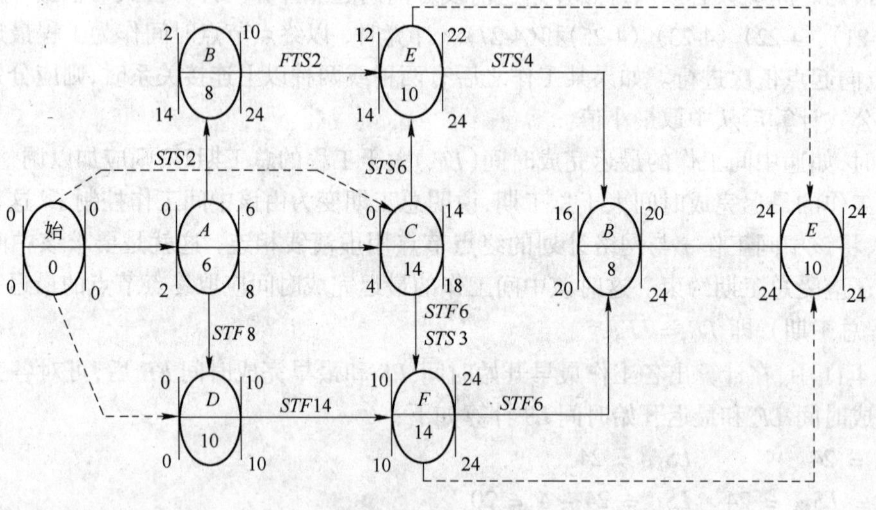

图 4-12 最早、最迟时间计算结果

三、间隔时间和时差的计算与关键线路的确定

(一)间隔时间的计算

在搭接网络计划中,决定相邻两工作间制约关系的是时距。但是,从上述计算中可看出,往往在相邻两工作之间除满足时距要求之外,还有一段多余的空闲时间,此称之为"间隔时间",通常用 *LAG* 表示。

由于各工作间的搭接关系不同,其间隔时间也不一样,所以 *LAG* 必须根据相应搭接关系和不同时距进行计算。

1. *FTS* 时距的 *LAG* 计算:

根据公式(4-20):

$$ES_j = EF_i + FTS_{ij}$$

由图 4-13 可看出,LAG_{ij}的出现,必须是:

$$ES_j > (EF_i + FTS_{ij})$$

故 $$LAG_{ij} = ES_j - (EF_i + FTS_{ij}) = ES_j - EF_j - FTS_{ij} \quad (4\text{-}28)$$

2. *STS* 时距的 *LAG* 计算

根据公式(4-22):

$$ES_j = ES_i + STS_{ij}$$

由图 4-14 可知,LAG_{ij}的出现,必然是:

$$ES_j > ES_i + STS_{ij}$$

故 $$LAG_{ij} = ES_j - (ES_i + STS_{ij}) = ES_j - ES_i - STS_{ij} \tag{4-29}$$

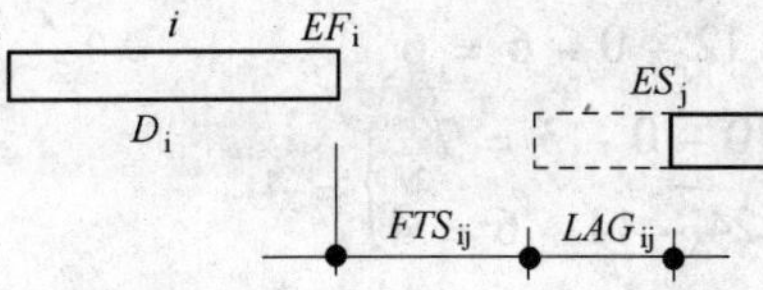

图 4-13　*FTS* 时距的 *LAG* 示意图

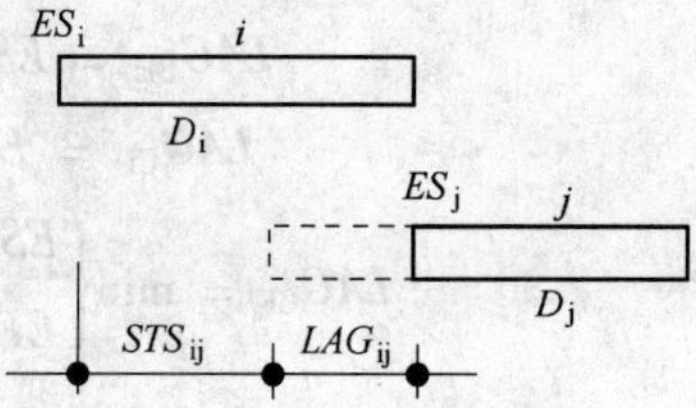

图 4-14　*STS* 时距的 *LAG* 示意图

3．*FTF* 时距的 *LAG* 计算

根据公式(4-24)：

$$EF_j = EF_i + FTF_{ij}$$

由图 4-15 可知，LAG_{ij}的出现，必然是：

$$EF_j > EF_i + FTF_{ij}$$

故 $$LAG_{ij} = EF_j - (EF_i + FTF_{ij}) = EF_j - EF_i - FTF_{ij} \tag{4-30}$$

4．*STF* 时距的 *LAG* 计算

根据公式（4-26）：

$$EF_j = ES_i + STF_{ij}$$

由图 4-16 可知，LAG_{ij}的出现，必然是：

$$EF_j > ES_i + STF_{ij}$$

故 $$LAG_{ij} = EF_j - (ES_i + STF_{ij}) = EF_j - ES_i - STF_{ij} \tag{4-31}$$

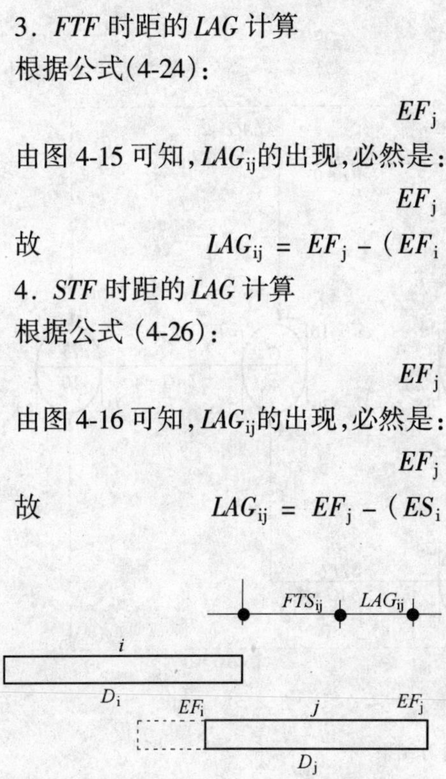

图 4-15　*FTF* 时距的 *LAG* 示意图

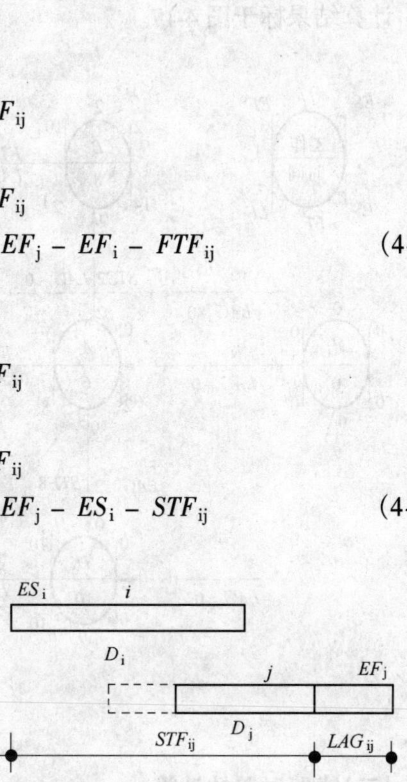

图 4-16　*STF* 时距的 *LAG* 示意图

5．混合时距的 *LAG* 计算

当相邻两工作间是由上述两种或两种以上时距连接时，应分别计算出其 *LAG*，然后取其中的最小值。在以上四种时距连接关系中，可能出现任何组合的情况，其 *LAG* 均可按下式计算。

$$LAG_{ij} = \min\begin{Bmatrix} ES_j - EF_i - FTS_{ij} \\ ES_j - ES_i - STS_{ij} \\ EF_j - EF_i - FTF_{ij} \\ EF_j - ES_i - STF_{ij} \end{Bmatrix} \tag{4-32}$$

由以上计算公式，对图 4-11 搭接网络计划计算如下：

$$LAG_{起A} = 0 \quad LAG_{起C} = 0 \quad LAG_{起D} = 0$$

$$LAG_{AB} = ES_B - ES_A - STS_{AB} = 2 - 0 - 2 = 0$$

$$LAG_{AC} = EF_C - EF_A - FTF_{AC} = 14 - 6 - 4 = 4$$

$$LAG_{AD} = EF_D - ES_A - STF_{AD} = 10 - 0 - 8 = 2$$

$$LAG_{BE} = ES_E - EF_B - FTS_{BE} = 12 - 10 - 2 = 0$$

$$LAG_{CE} = ES_E - ES_C - STS_{CE} = 12 - 0 - 6 = 6$$

$$LAG_{CF} = \min\begin{Bmatrix} ES_F - ES_C - STS_{CE} = 10 - 0 - 3 = 7 \\ EF_F - EF_C - FTF_{CF} = 24 - 14 - 6 = 4 \end{Bmatrix} = 4$$

…

$$LAG_{G终} = ES_{终} - EF_G = 24\text{-}20 = 4$$

计算结果标于图 4-17。

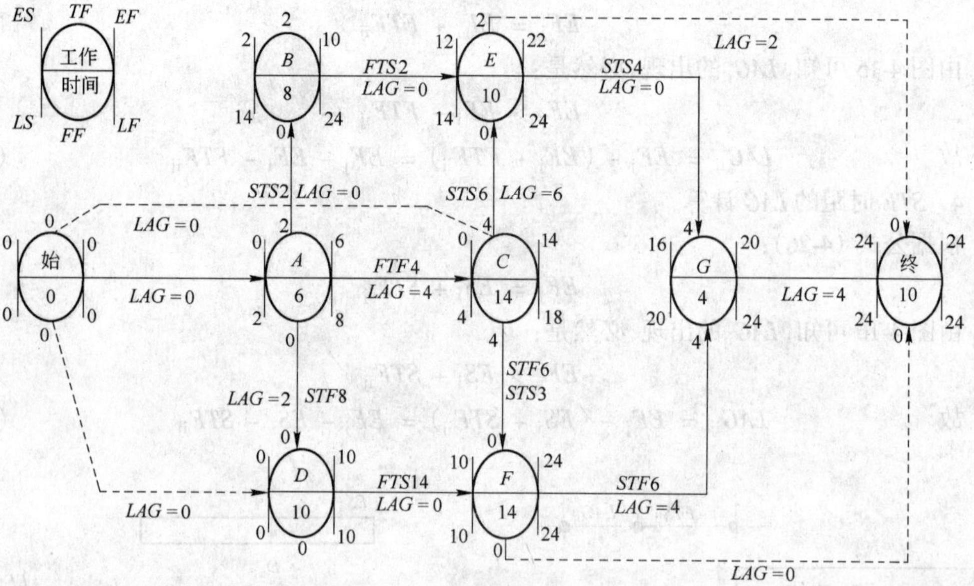

图 4-17　时间参数计算结果

(二)线路时差的计算

搭接网络计划同样也是由多条线路组成,而各条线路的长度又不尽相同,其中必然至少有一条最长的线路。这条最长的线路决定着总工期,称为关键线路。相应地其他线路称作非关键线路,都短于最长的线路,因而在这些线路上就存在着机动时间,这种机动时间就是线路时差。

在搭接网络计划中,由于工作之间不是衔接关系,所以与一般网络不同,它的线路长度不等于该线路上所有工作持续时间之总和,而需分别按时距连接关系来确定其延续时间。

(三)工作总时差 TF_i 的计算

工作总时差是在不影响工程总工期条件下该工作可利用的最大机动时间,其计算公式与一般单代号(对接)网络计划相同,即

$$TF_i = LS_i - ES_i = LF_i - EF_i \tag{4-33}$$

图 4-11 网络计划中各工作总时差 TF 计算结果见图 4-17。

(四)工作自由时差 FF_i 的计算

工作自由时差 FFi 是在不影响其所有紧后工作最早开始时间条件下，该工作所能利用的最大机动时间，在搭接网络计划中，工作的自由时差是根据不同时距下的间隔时间 LAG 计算的。分为以下两种情况：

1. 工作 i 只有一个紧后工作 j 时

在只有一个紧后工作 j 时，自由时差就等于间隔时间 LAG，即：

$$FF_{\mathrm{i}} = LAG_{\mathrm{ij}} \tag{4-34}$$

2. 工作 i 有两个或两个以上的紧后工作时

如果有两个或两个以上的紧后工作，自由时差则应取各 LAG_{ij} 的最小值，即

$$FF_{\mathrm{i}} = \min\begin{Bmatrix} LAG_{\mathrm{ij1}} \\ LAG_{\mathrm{ij2}} \\ \cdots \\ LAG_{\mathrm{ijn}} \end{Bmatrix} \tag{4-35}$$

式中 n 为 i 的紧后工作个数。

图 4-11 搭接网络计划中各工作自由时差 FF 的计算结果见图 4-17。

(五)关键线路

同一般网络计划一样，将总时差为零的工作连接起来所形成的线路为关键线路。

在搭接网络计划中，还可用 LAG 来寻找关键线路，即从终点向起点方向寻找，把 $LAG = 0$ 的线路向前连通，直到起点，这条线路就是关键线路。

第三节 流水网络计划方法

前面介绍的网络计划方法都是首先以时间最短为目标的。为此，组成计划的各工作应尽可能依次连续进行以争取时间，而不考虑队组能否连续作业。显然，这种方法不满足表达流水作业的要求，因为流水作业要求在合埋的条件下应首先保证施工队(组)能连续作业。本节将介绍一种适用于流水作业组织的网络计划方法——流水网络计划，它是我国工程管理人员对网络技术的一大贡献。

一、流水作业原理

(一)流水作业法及流水作业参数

水运工程流水作业就是将建筑物或构筑物划分为若干个施工段，按建筑生产的工作数组织若干专业施工队(组)。各施工队(组)按一定顺序依次投入工作，并从一个施工段转移到另一个施工段。不同施工队(组)在同一时间内可平行作业，使施工生产具有鲜明的节奏性，均衡性和连续性，从而大大地提高劳动生产率和经济效益。

组织流水施工的关键是有关作业参数的确定。流水作业的主要参数有工作数、施工段数、流水节拍和流水步距。

1. 工作数 n

工作数是指根据施工作业的需要对工程项目划分的施工过程数。工作数与工程项目的复杂程度，采用的施工方法等有关，必须根据具体情况恰当划分。如果工作分工太细，数目太多，这不仅给施工组织带来困难，而且由于计划安排的主次不分，难以抓住关键；反之，则计划安排

就较粗糙,起不到指导施工的作用。

一般说来,在安排单位工程流水施工时,工作数可按分部分项工程划分。

2. 施工段数 m

施工段数是对施工对象划分的流水区段的数目。其目的是为各工作队(组)的流动创造条件,使不同工作能在不同的工作面上同时进行。划分施工段时,应考虑以下原则:

(1)以主导施工过程的组织为重点;

(2)保持结构的整体性不受影响,段与段的交接处最好落在建筑物的自然界限,如伸缩缝、沉降缝上,或对结构质量影响不大之处;

(3)尽量使各段的工程量或劳动量大致相等;

(4)满足流水作业组织的要求,施工段数目应大于或等于工作数,即 $m \geqslant n$;

(5)施工段大小应尽可能与主要机械的效率相适应。

3. 流水节拍 D_i

流水节拍是指某一专业施工队(组)在某一施工段上的作业持续时间。它取决于工程量大小和投入的劳动力、机械和材料的数量,决定着施工速度和施工节奏。

$$\text{流水节拍}(D_i)=\frac{\text{每段工程量}}{\text{队组的劳动效率}}=\frac{\text{每段劳动量}}{\text{队组的工人人数(机械数量)}}$$

为避免施工队(组)转移时耽误时间,流水节拍最好等于半班或其倍数。

4. 流水步距 K_{ij}

流水步距是指相邻两个工作队(组)相继投入到施工现场,开始工作的最小时间间隔。流水步距的确定是保证各工作队(组)连续作业,并使它们合理搭接的关键。所谓合理搭接,首先就是要做到各队(组)都有必要的工作面,各在一个不同的施工段上工作;其次是要保证各队(组)都能连续作业;再就是要充分利用工作面,使后一施工队(组)能尽早插入。

流水步距的个数则等于参加流水作业的工作数 n 减 1。

(二)流水作业的分类

按流水的的节奏性,流水作业可分为有节奏的流水作业和无节奏的流水作业两大类。

1. 有节奏的流水作业

流水作业的节奏性主要决定于流水节拍。根据各工作流水节拍的不同特点,有节奏流水又分成为等节奏流水和不等节奏流水。

(1)等节奏流水的特点是参加流水作业的各工作的流水节拍都相等并等于其流水步距,工作间具有高度的节奏性。这是一种最理想的流水作业。

(2)不等节奏流水的特点是参加流水的各工作本身在各施工段的流水节拍都相等,但各工作之间彼此的流水节拍则全部或部分不相等。它的一种特殊情况是,各工作彼此之间的流水节拍成整数倍,这种不等节奏流水称为成倍节拍流水。

2. 无节奏的流水作业

参加流水的部分或全部工作本身在各施工段上的流水节拍不相等,工作间没多少节奏。这是水运工程施工组织中较为普遍的流水作业形式,组织施工时重在保证各工作队(组)能连续作业。

(三)水运工程流水作业组织

水运工程流水作业组织的步骤可归纳为:(1)确定工作数及其施工顺序;(2) 划分施工段;

(3)按专业分工配备专业施工队(组);(4)确定流水节拍;(5)计算流水步距;(6)绘制流水作用指示图表。现举例说明如下。

例:某基础工程划分为四个施工段,包括挖基槽、垫层、砌砖、回填四道工作,各工作在每一施工段上的作业持续时间如表 4-4 所示,试组织其流水作业。

1. 参加流水有 4 项工作,施工顺序为:挖基槽→垫层→砌砖→回填,组织 4 个专业工程队,分别承担上述 4 项工作,依次对一、二、三、四施工段进行施工,每项工作在每段上的流水节拍即为表 4-4 所示数据。

工作持续时间(Di)表 表 4-4

施工段号 / 工作名称	一	二	三	四
挖基槽(A)	3	4	5	6
垫　层(B)	2	4	5	3
砌　砖(C)	4	5	7	5
回　填(D)	5	5	6	4

2. 计算流水步距 K_{ij}:

按"累加数列错位相减取大差"计算如下:

K_{AB}:

$$\begin{array}{rrrrrr} & 3 & 7 & 12 & 18 & \\ -) & & 2 & 6 & 11 & 14 \\ \hline & 3 & 5 & 6 & 7 & -14 \end{array}$$

K_{BC}:

$$\begin{array}{rrrrrr} & 2 & 6 & 11 & 14 & \\ -) & & 4 & 9 & 16 & 21 \\ \hline & 2 & 2 & 2 & -2 & -21 \end{array}$$

K_{CD}:

$$\begin{array}{rrrrrr} & 4 & 9 & 16 & 21 & \\ -) & & 5 & 10 & 16 & 20 \\ \hline & 4 & 4 & 6 & 5 & -20 \end{array}$$

取各自差的最大值得:$K_{AB}=7$, $K_{BC}=2$, $K_{CD}=6$。

3. 流水作业工期计算方法:

流水作业工期
$$T = \sum_{1}^{n-1} K_{ij} + \sum_{j=1}^{m} D_{nj}$$

式中 D_{nj}为流水作业的最后一项工序在第 j 施工段上的流水节拍。

$$T = \sum_{1}^{n-1} K_{ij} + \sum_{j=1}^{m} D_{nj} = (7+2+6) + (5+5+6+4) = 35$$

4. 绘制流水作业指示图表见图 4-18。

二、流水网络计划方法

(一)流水网络计划的特点

将图 4-18 所示的流水施工用双代号网络计划方法表示,如图 4-19 所示,工期为 34d。由图不难看出,在这个网络计划中,挖槽工作只有按照最早时间在各段开始工作才能做到连续流水,回填工作则按最迟时间组织施工能保证工作不间断地进行,垫层或砌砖工作则无论按最早或最迟时间(或两者间的任何时间)组织施工都不能实现连续流水作业。同样,如果用搭接网络计划表示,项目工期仍为 34d,也不能实现流水作业。

上述网络计划方法之所以不能表示流水作业,是因为它们所追求的是尽可能使各工作尽

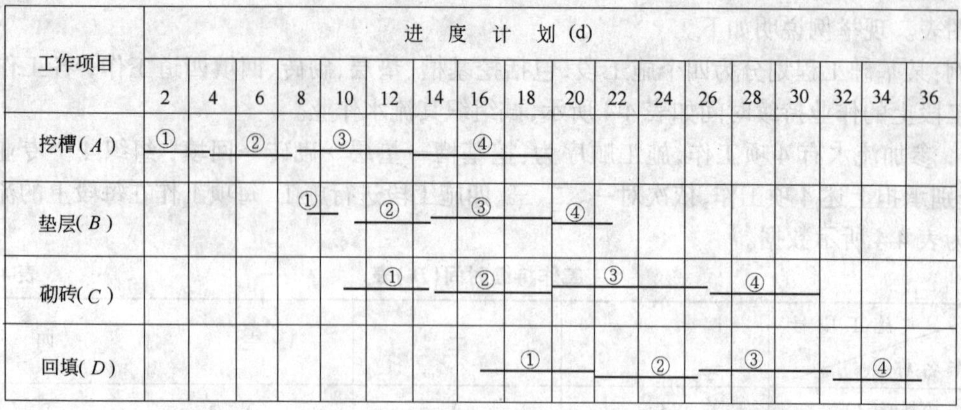

图 4-18 流水施工进度横道计划

早投入施工以争取时间,而不考虑施工队(组)能否连续作业;流水作业法则是在合理的条件下首先应保证施工队(组)能连续工作,以取得较好的经济效益。如果需用网络计划表示流水作业,就必须将两者结合起来,将决定流水作业组织的重要参数——流水步距引入一般网络计划中,使网络图中工作之间的开始时间间隔符合流水步距的要求。

在图 4-19 中,如果垫层工作(B)前加上一个紧前工作①→⑤($D_{1-5}=K_{AB}=7$);在砌砖工作(C)前加上一个紧前工作⑤→⑫($D_{5-12}=K_{BC}=2$),在回填工作(D) 前加上一个紧前工作⑫→⑲($D_{12-19}=K_{CD}=6$),使挖槽、垫层、砌砖和回填之间的工作开始时间间隔符合流水步距的要求,那么,各工作只要全部按最早开始时间组织施工,则能实现挖槽、垫层、砌砖和回填 4 项工作都连续作业而形成流水(如图 4-20 所示),其计划工期为 35d。

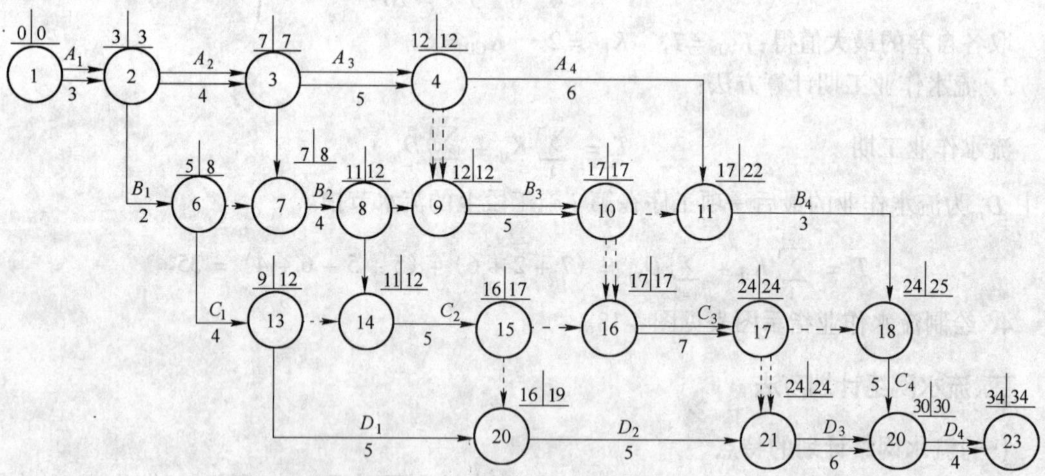

图 4-19 流水施工的双代号网络计划

如图 4-20 那样,将流水步距作为一个特殊工作引入一般双代号网络计划的方法,称为双代号流水网络计划。只要将流水步距 K_{ij} 作为工作对待,双代号流水网络计划的网络图绘制和时间参数计算与一般双代号网络计划没有区别。

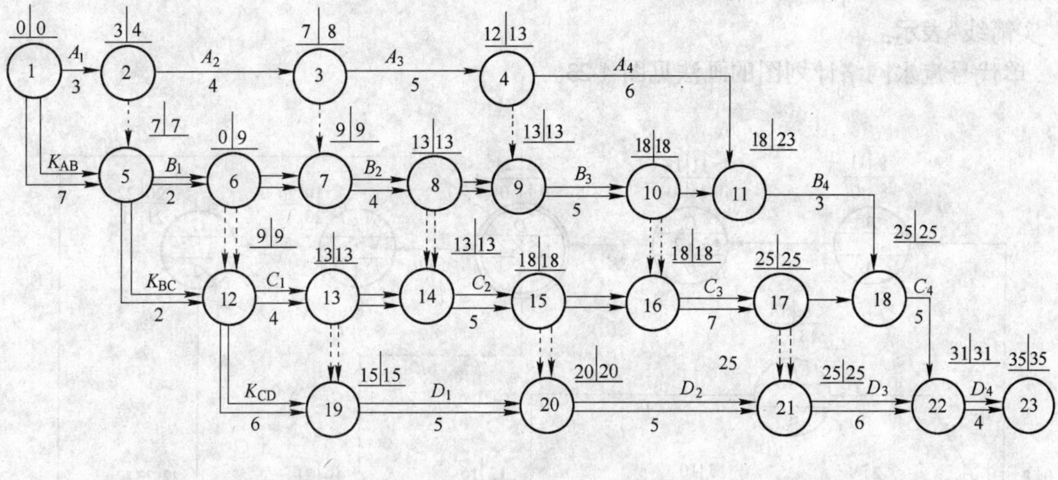

图 4-20　双代号流水网络计划

(二)单代号流水网络计划方法

应用上述方法可以解决用网络计划法表达流水作业的问题,但由于各段都已连续施工,为使网络图更加简洁,各段就不必再分别表示而可予以合并,如果再将双代号网络改为单代号形式,图 4-20 就变成了图 4-21 的形式,这就是单代号流水网络计划。

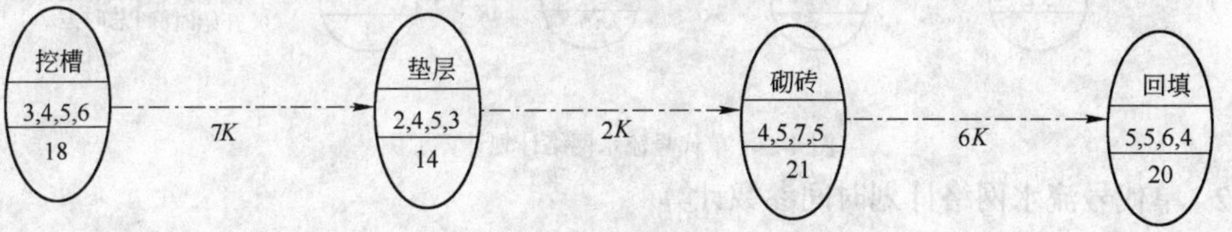

图 4-21　单代号流水网络计划

单代号流水网络计划的主要内容包括绘制网络图和计算时间参数两个方面。

1. 单代号流水网络计划图的绘制特点

单代号流水网络计划的工作节点可采用圆圈或方框表示(如图 4-22)。节点中标出三项内容:上部写编号或工作名称,中间顺序注各段作业时间(如为等节拍则注每段作业时间 × 段数),下部写总的延续时间。

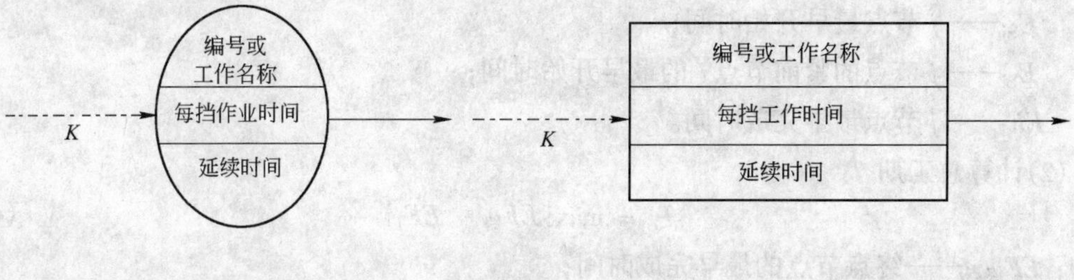

图 4-22　单代号流水网络工作节点形式

单代号流水网络工作节点间联系箭线的画法分为两种情况。当工作间为搭接流水施工时,后续工作与其紧前工作间的联系用“点画箭线”表示。并在其下方(水平线)或左方(垂直线)加注流水步距 K_{ij};如果工作间的关系为衔接施工,则与一般单代号网络计划方法一样,仍用"实箭线"表示。

单代号流水网络计划图的画法见图 4-23。

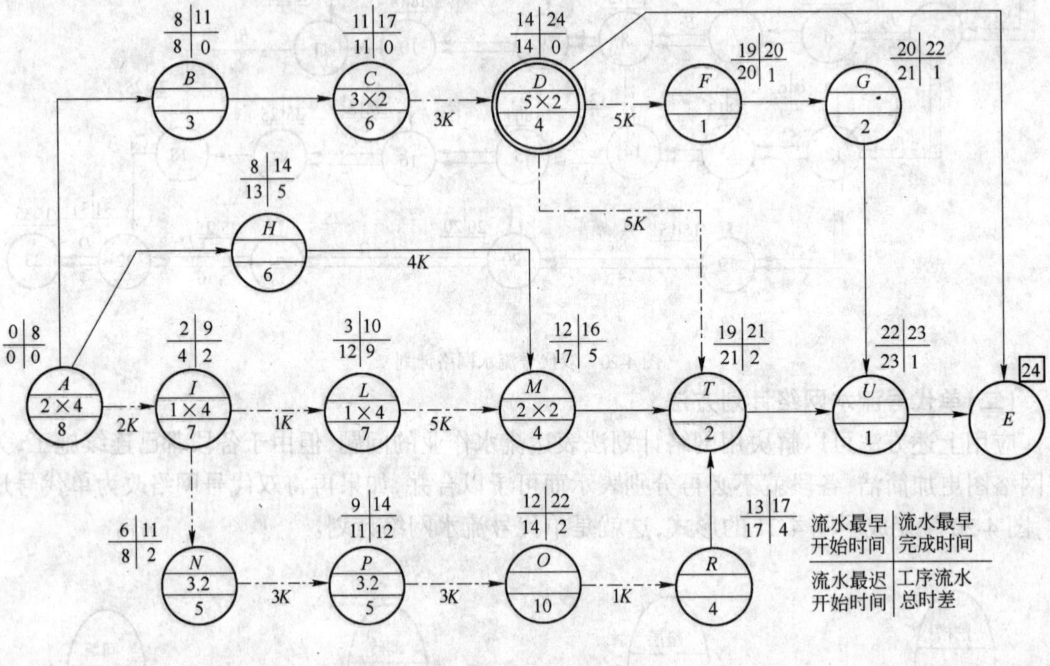

图 4-23 单代号流水网络计划计算示例

2. 单代号流水网络计划时间参数计算

(1)计算工作节点最早开始时间 ES 和最早完成时间 EF

起点节点:

$$ES_{起} = 0$$

$$EF_{起} = 0 + D_{起}$$

其他节点:

$$ES_j = \max\begin{cases} ES_i + K_{ij} & i、j \text{ 为搭接流水时} \\ EF_i & i、j \text{ 为衔接施工时} \end{cases} \tag{4-36}$$

$$EF_j = ES_j + D_j \tag{4-37}$$

式中:$D_{起}$——起点节点的持续时间或延续时间;

D_j——j 节点的持续时间或延续时间;

E_{Sj}——j 节点最早开始时间;

E_{Si}——j 节点的紧前节点 i 的最早开始时间;

EF_j——j 节点最早完成时间。

(2)计算总工期 T_c

$$T_c = \max\{EF_{终点}, EF_I\} \tag{4-38}$$

式中:$EF_{终点}$——终点节点的最早完成时间;

EF_I——除终点节点外的网络中任意节点的最早完成时间。

通常,$T_c = EF_{终点}$,但如果 T_c 发生在计划中其他节点时,则应将最大值节点用实箭线连至终点。

(3)计算工作节点最迟开始时间 LS 和工作节点最迟完成时间 LF

终点节点：$LS_{终点} = LF_{终点} - D_{终点} \quad LF_{终点} = Tc$

其他节点：
$$LS_i = \min\begin{cases} LS_j - K_{ij} & i、j 为搭接流水时 \\ LS_j - D_i & i、j 为衔接施工时 \end{cases} \tag{4-39}$$

$$LF_i = LS_i + D_i \tag{4-40}$$

式中：LS_i——i 节点最迟开始时间；

LF_i——i 节点最迟完成时间；

LS_j——i 节点的紧后节点 j 的最迟开始时间；

LF_j——i 节点的紧后节点 j 的最迟完成时间；

D_i——i 节点的持续时间或延续时间。

在流水网络计划中，如果某工作节点 K 的 LF_k 超过 T_c，则应返回去调整该工作节点的最迟开始时间，以保证任何节点的最迟完成时间都不超过总工期。

(4) 计算总时差 TF

$$TF_i = LS_i - ES_i \tag{4-41}$$

式中：TF_i——任意工作节点 i 的总时差。

(5) 关键工作和关键线路

工作节点总时差为零的工作为关键工作，从起点节点经所有关键工作至终点节点的连线就是单代号流水网络计划的关键线路。

单代号流水网络计划计算示例如图 4-23 所示。

复习题

1. 某港口仓库工程的非肯定型网络计划如图 4-24 所示。

(1)求其事件时间参数 ET 和 LT，找出期望关键线路；

(2)求在无规定工期、规定工期为 116d，107d 条件下，网络计划如期完成的概率。如果要求保证完工的概率大于 90%，则该项目总工期至少应规定为多少天？

2. 某露天天桥施工网络图如图 4-25 所示，试计算其工作时间参数，找出关键线路。

3. 某工程有 4 个施工过程，划分 4 个施工段，各施工过程在各施工段的流水节拍如表 4-5 所列，试组织其流水作业并画出其流水网络图。

各施工过程在各施工段的流水节拍 表 4-5

施工过程	施工段编号			
	一	二	三	四
基槽开挖	3	5	7	5
抛砂石	2	4	5	3
夯　实	4	3	3	4
整　平	4	2	3	4

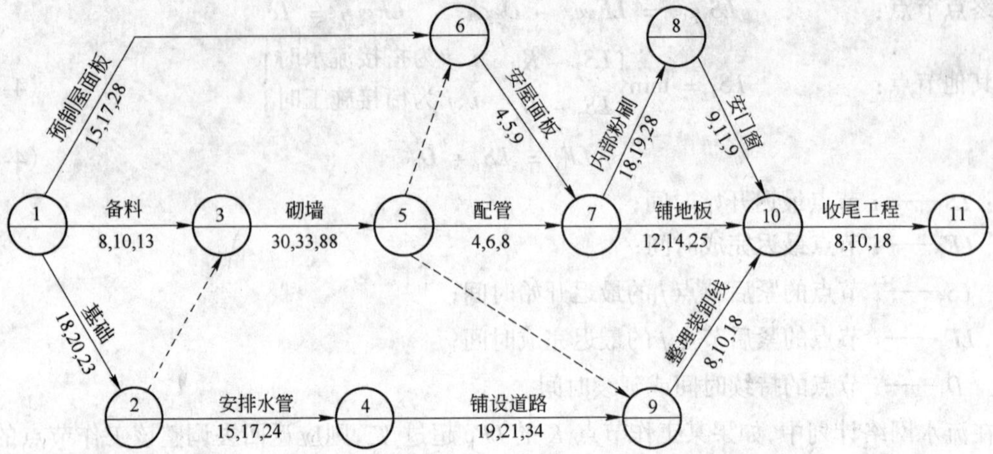

图 4-24　某港口仓库施工网络计划

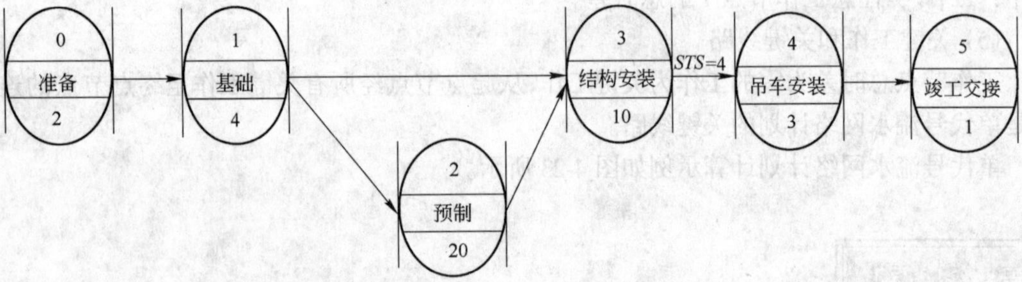

图 4-25　某露天天桥施工网络计划

4. 工作间的搭接关系有哪几种类型？试绘图表示。

5. 什么是流水节拍？什么是流水步距？如何计算流水步距？

6. 在概率形网络计划中，期望持续时间 D_e 与最可能时间 m 有何关系？

7. 在 PERT 网络计划中，网络计划完工时间服从哪种概率分布？试写出其概率分布表达式？

8. 什么是有节奏的流水作业？什么是无节奏的流水作业？什么是等节拍等步距流水作业？什么是成倍节拍流水作业？

第五章　工程进度的控制

［自学提要］　本章为第二、三、四章知识的综合运用。要求学员了解施工进度计划的编制方法；掌握监理工程师进行工程进度控制的系统过程；掌握监理工程师审批承包人施工进度计划的方法和主要内容；掌握工程进度监控的程序和方法；掌握施工进度计划的调整计算方法。

第一节　工程进度控制的系统过程

工程进度控制是指在合同规定的工期内，编制出最优的施工进度计划，在执行该计划的施工中，经常检查实际进度情况，并将其与计划相比较，若出现偏差，便分析产生的原因和对工期的影响程度，采取必要的调整措施，修改原计划。如此不断循环，直到工程竣工验收。控制的总目标是项目的合同工期。监理工程师的主要工作是：

(1)审查和批准承包人提交的施工进度计划及各种详细计划和实施细则；

(2)督促承包人按计划组织施工，包括人工、材料、机械进场和资金的供应；

(3)经常不断地监测进度的执行情况，及时发现实际进度与计划进度的偏差；

(4)当产生的进度偏差可能影响总进度目标实现时，督促和帮助承包人及时调整进度安排，采取系统的进度控制措施，纠正产生的偏差，确保总进度目标的实施。

工程进度控制的工作流程如图 5-1 所示。

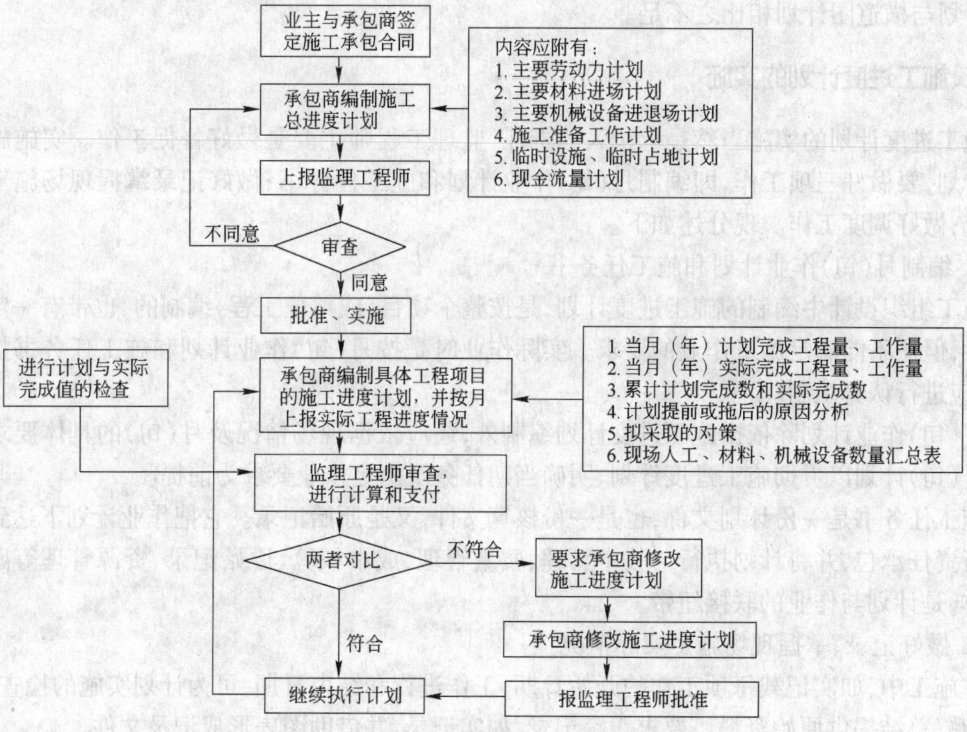

图 5-1　工程进度监理工作流程

一、施工进度计划的编制

编制施工进度计划是承包人的责任。当必要时,监理工程师也应根据项目法人对工程的要求,编制控制性的施工进度计划,以便对承包人所编的进度计划进行比较,选择较优方案,或者作为承包人编制施工进度计划的基本框架。此外,对单项工程较多、施工工期长,且采取分期分批发包又没有一个负责全部工程的总承包单位时,或者当工程项目由若干个承包单位平行承包时,监理工程师也必须编制施工总进度计划。

施工进度计划按编制深度可分为施工总进度计划、单项(位)工程施工进度计划和分部分项工程作业进度计划。

1. 施工总进度计划集中反映了整个工程从施工准备到工程交工验收的全部过程和时间安排,简明、扼要,具有规划性和指导意义。施工总进度计划由总承包单位编制。

2. 单项(位)工程施工进度计划,它是对某一单项工程(如某一船闸工程、码头工程中的水工建筑物)编制的,是施工的规划性文件,它对各专业施工的程序、时间进行统筹的安排,确定施工流程和其持续时间,是基本的进度计划安排。单项(位)工程施工进度计划由承担该单项(位)工程施工任务的承包人编制。

3. 分部分项工程作业进度计划,当构造物、建筑物的分部分项工程比较复杂时,如船闸基础等就需要编制较细致的施工作业进度计划,对其每一道工序都进行具体的施工流程和时间的安排,这是指导施工最详细最直接的进度计划文件。

施工进度计划的形式主要有横道计划和网络计划。横道计划的主要优点是形象、直观;网络计划的主要优点是各项工作之间的逻辑关系清楚。在选择进度控制计划模型时,网络计划优越得多,因为它可以提供时间控制的关键(关键线路),可提供调整的机动时间(非关键线路上的时差),可以提供电子计算机的模型,提供调整信息。时间直观的时标网络计划可以弥补网络计划与横道图计划相比之不足。

二、施工进度计划的实施

施工进度计划的实施当然是承包人的责任,监理工程师主要是做好督促工作。实施施工进度计划,要做好三项工作,即编制月(旬)作业计划和施工任务书;做好记录掌握现场施工实际情况;做好调度工作。现分述如下。

1. 编制月(旬)作业计划和施工任务书

施工组织设计中编制的施工进度计划,是按整个项目(或单位工程)编制的,也带有一定的控制性,但还不能满足施工作业的要求。实际作业时是按月(旬)作业计划和施工任务书执行的,故应进行认真编制。

月(旬)作业计划除依据施工进度计划编制外,还应依据现场情况及月(旬)的具体要求编制。月(旬)计划以贯彻施工进度计划、明确当期任务及满足作业要求为前提。

施工任务书是一份计划文件,也是一份核算文件,又是原始记录。它把作业计划下达到班组进行责任承包,并将计划执行与技术管理、质量管理、成本核算、原始记录、资源管理等融合为一体,是计划与作业的联接纽带。

2. 做好记录、掌握现场施工实际情况

在施工中,如实记载每项工作的开始日期、工作进程和结束日期,可为计划实施的检查、分析、调整、总结提供原始资料。要求跟踪记录,如实记录,并借助图表形成记录文件。

3. 做好调度工作

调度工作主要对进度控制起协调作用。协调配合关系,排除施工中出现的各种矛盾,克服薄弱环节,实现动态平衡。调度工作的内容包括:检查作业计划执行中的问题,找出原因,并采取措施解决督促供应单位按进度要求供应资源;控制施工现场临时设施的使用;按计划进行作业条件准备;传达决策人员的决策意图;发布调度令等。要求调度工作做得及时、灵活、准确、果断。

三、施工进度的监测

在项目实施过程中,监理工程师要经常定期地监测进度计划的执行。进度监测主要包括以下工作:

1. 进度计划执行中的跟踪检查

跟踪检查的主要工作是定期收集反映实际工程进度的有关数据。收集的方式:一是通过报表;二是进行现场实地检查。收集的数据质量要高,不完整或不正确的进度数据将导致不全面或不正确的决策。为了全面准确地了解进度计划的执行情况,监理工程师必须认真做好以下三个方面的工作:

(1)经常定期地收集进度报表资料

进度报表是反映实际进度的主要方式之一,按照监理工作制度规定的时间和报表内容,承包人经常性地填写进度报表。监理工程师根据进度报表数据了解工程实际进度。

(2)派监理人员常驻现场、检查进度计划的实际执行情况

监理人员常驻现场,可以加强进度监测工作,掌握实际进度的第一手资料,使其数据更准确。

(3)定期召开现场会议

定期召开现场会议对监理工程师与承包人及有关人员可以面对面了解实际进度情况,同时也可以协调有关方面的进度。

究竟多长时间进行一次进度检查,这是监理工程师应当确定的问题。通常,进度控制的效果与收集信息资料的时间间隔有关。不经常定期地收集进度信息资料,就难以达到进度控制的效果。进度检查的时间间隔与工程项目的类型、规模、监理的对象和有关条件等多方面因素相关。可视具体情况,每月、每半月或每周进行一次。在特殊情况下,甚至可能每日进行一次。

2. 整理、统计和分析收集的数据

收集的数据要进行整理、统计和分析,形成与计划具有可比性的数据。例如根据本期检查实际完成量确定累计完成的量、本期完成的百分比和累计完成的百分比等数据资料。

3. 实际进度与计划进度对比

实际进度与计划进度对比是将实际进度的数据与计划进度的数据进行比较。通常可以利用表格和图形进行比较,从而得出实际进度比计划进度拖后、超前还是一致。

四、施工进度的调整

在项目进度监测过程中,一旦发现实际进度与计划进度不符,即出现进度偏差时,监理工程师必须认真分析产生的原因及对后续工作和总工期的影响,并督促承包人采取合理的调整措施,确保总进度目标的实现。具体过程如下:

1. 分析产生进度偏差的原因

经过进度监测的系统过程，了解到实际进度产生了偏差。为了调整进度，监理工程师应深入现场，进行调查，分析产生偏差的原因。

2. 分析偏差对后续工作和总工期的影响

在查明产生原因之后，做必要的调整之前，要分析偏差对后续工作和总工期的影响，确定是否应当调整。

3. 确定影响后续工作和总工期的限制条件

在分析了对后续工作和总工期的影响以后，需要采取一定的调整措施时，应当首先确定进度可调整的范围。主要指关键节点、后续工作的限制条件下以及总工期允许变化的范围。它往往与签订的合同有关，要认真分析，尽量防止后续承包人提出索赔。

4. 采取进度调整措施

采取进度调整措施，应以后续工作和总工期的限制条件为依据。对原进度计划调整，也应以保证实现要求的进度目标。

5. 实施调整后的进度计划

在工程继续实施中，将执行调整后的进度计划。监理工程师要及时协调有关单位的关系，并采取相应经济、组织与合同措施。

第二节　施工进度计划的编制方法

施工进度计划是根据合同工程及规定的工期要求，结合建设地区的自然条件与技术经济、勘察、调查资料，根据承包人自身的施工经验、装备、组织与技术管理水平而编制出的计划安排。它的任务是：选择合适的施工方案，安排各项工程顺序，计算各项工程的工程量和施工持续时间，安排施工进度计划并进行优化，进而编制出各项资源需用量计划。详见后述的表 5-1 和表 5-2。

一、现场条件及技术经济资料的调查

编制施工进度计划之前，除了要研究施工合同条件、工期、质量和费用要求、工程价款支付方式、施工图纸、技术规范等外，还应进行现场勘察，调查有关自然条件和技术经济条件资料。如：地形、地质、水文、气象、供水供电、交通运输、工程用地、环境保护、地方材料、税收等。

二、施工组织规划

主要是结合工程项目的特点以及承包人投入的劳动力、技术人员、机械等，初定施工方案及施工区段，对项目进行总体设计规划，为编制施工进度计划创造条件，并应进行方案比较，以求取得较大的经济效益。

三、确定项目的组成

在编制施工进度计划时，应根据施工图纸和施工工艺顺序把拟建工程的各个施工过程列出，并填入施工进度计划的工程名称栏内。工程项目的划分主要是依据建筑物的性质及特点，确定的施工方案以及所编制的施工进度计划属控制性的还是属实施性的来确定。一般来说，工程项目应划分合理，粗细程度主要取决于实际需要。对起控制性作用的计划，项目划分可粗些。对实施性计划，项目划分可细些。但应突出主导工程，不可漏列、重列和错列项目。直接

在拟建工程的工作面上施工的项目必须列入计划内,而在拟建工程工作面之外完成施工项目如预制构件的生产,则可不列入施工进度计划之内,但应考虑供应情况,确保使用前运入施工现场。

四、工程量的计算

施工过程项目列出后,即可根据设计图纸及有关工程量计算规则,逐项计算工程量。当编制施工进度图时已有编制好的预算文件,并且两者基本一致时,则可直接利用预算中的工程量。若有些出入,则需调整、重算。计算工程量时,应注意以下几个问题:

1. 各分部分项工程的计量单位应与采用的定额的计量单位一致,以便计算劳动力、材料、机械数量时直接套用定额,尽量减少换算。

2. 结合各分部分项工程的施工方法和技术要求计算工程量。

3. 结合施工组织的要求,分层、分段地计算工程量。

五、劳动量计算

所谓劳动量,就是工程项目工程数量与相应时间定额的乘积。它包括人工操作和机械作业两部分。它必须根据现行的定额,并结合当地的实际施工水平和具体情况来确定。一般可用下式表示:

$$P = \frac{Q}{S} \quad (\text{工日或台班}) \tag{5-1}$$

或

$$P = Q \cdot E \quad (\text{工日或台班}) \tag{5-2}$$

式中:P——劳动量或机械台班(工日或台班);

S——产量定额(工人或机械)(m^3/工日,t/工日…);

E——时间定额(工日/t,台班/m^3…);

Q——工程数量(m^3、t…)。

六、确定各分部分项工程的作业时间

按照施工条件的不同和工期的不同要求分别确定,具体计算时有两种计算方法:

1. 根据承包人现有的人工、机械数量以及工作面的大小安排施工过程的作业时间。计算公式为:

$$D = \frac{P}{Rn} \tag{5-3}$$

式中:D——完成某分部分项工程的施工天数(日);

P——该工程的劳动量(工日)或机械台班数量(台班);

R——每班安排在某分部分项工程上的劳动力人数和机械台数;

n——每日工作班数。

2. 根据工期要求确定作业人数和机械台数

首先根据合同规定的工期,初步确定各分部分项工程的施工时间,再按各项工程需要的劳动量和机械台班数,确定每一分项工程和每一班所需的工人人数和机械台班数。计算公式为:

$$R = \frac{P}{Dn} \tag{5-4}$$

两种计算方法,通常先按第二种方法计算,再按第一种方法进行调整。

七、拟定施工进度计划

各个施工项目的作业时间确定后,即可开始编制施工进度计划。编制进度计划时,必须考虑各分部分项工程的施工顺序,力求同一性质的工作连续施工,不同性质的分项工程尽可能组织搭接施工。

1. 编制施工进度计划时应先考虑主导分部分项工程的施工进度,其余工程应配合主导分部分项工程进行。同一时期开工的项目不应过多,以免人力物力过分集中或分散。

2. 编制施工进度计划时,应充分估计出时间、材料、设备等的到货情况,务使每个施工项目的施工准备、水下施工、水上工程、主体和辅助工程等能相互配合、合理衔接。应力求做到连续、均衡的流水作业,同时应考虑到潮位和波浪等因素影响。做好施工工作面、劳动力、施工船舶机械、材料、构件的五大综合平衡。

3. 编制施工进度计划时,还应注意进行反复检查,做好平衡与调整工作。检查的内容主要是:

(1)总工期和各分部分项工程的施工时间以及施工顺序是否合理且符合合同工期要求。

(2)所安排的劳动力、材料、施工船舶机械需要量是否能保证供应,是否平衡等。

经过检查,对不合理的部分进行调整和修改,一般主要是针对工期和劳动力、材料等均衡性及生产船舶机械利用率进行调整。从而,使我们编制的施工进度计划成为一个合理的切实可行的施工进度计划。

劳动力消耗的均衡情况,一般可用劳动力动态图来表示。劳动力动态图是把每天各施工过程的出勤人数叠加,用一定比例表明其数量,然后逐天连成线条即成。某工程的劳动力需要量否均衡,可用劳动力不均衡系数 K 表示,按下式计算:

$$K = \frac{R_{max}}{R} \tag{5-5}$$

式中: R_{max}——劳动力动态图中,单位时间内所需的最大工人数;

R——平均工人人数。

后述的表 5-1 和表 5-2 分别是某工程的总进度计划及年度劳动力使用计划。

八、编制各项资源需要量计划

在施工进度计划图编制完成以后,还要相应地编制劳动力、材料、船舶机械、临时工程等需要量计划表。

1. 劳动力需要量计划。它主要用于调配劳力,安排生活福利设施。其编制的办法是将施工进度计划图内所列各施工过程每(或每旬、每月)所需工人人数按工种进行汇总。劳动力需要量计划通常用劳动力需要量计划表或劳动力需要量图表示。

2. 主要材料需要量计划。它主要为组织备料、确定仓库、堆场面积、组织运输之用。它是根据施工进度每天(月、旬)完成的各项目的工程量,按定额计算后,逐天(月、旬)统计填列,编制主要材料需要量计划表。

3. 主要施工船舶机械需要量根据采用的施工方案和施工进度确定施工船舶机械的类型、数量、进退场时间, 编制船舶机械需要量计划。一般是把施工进度图中每一施工过程、每天(月、旬) 所需的船舶机械类型、数量和施工时间进行汇总, 编制主要施工船舶机械需用量表。

4．大型临时设施计划。水运工程中的大型临时设施系指新设临时性的现场预制场地、沉箱预制场地改建、疏浚工程中吹泥围堰、大型钢模板等，以及施工船舶进入工地时的海上疏浚。

5．临时工程计划。临时工程系指生活房屋、生产房屋、便道便桥、电力和电信设施以及小型临时设施，它应根据施工进度图和施工平面图设计在不突破该项预算金额的条件下按实填列。

6．准备工作计划。施工准备工作是指施工前承包人从组织、技术、经济、劳动力、物质、生活等各方面为了保证工程顺利地施工，事先做好的工作。主要内容包括技术准备、现场准备、冬、雨季施工准备、施工队伍及后勤的准备等。

7．现金流量计划。现金流量计划是承包人按照工程进度计划情况以及施工合同上的工程量清单、单价估计的随时间变化的现金量。

现金流量图，用横坐标表示时间，纵坐标表示计划的累计工程款数量，常常与横道图绘制在同一表格内，如图 5-2 所示。

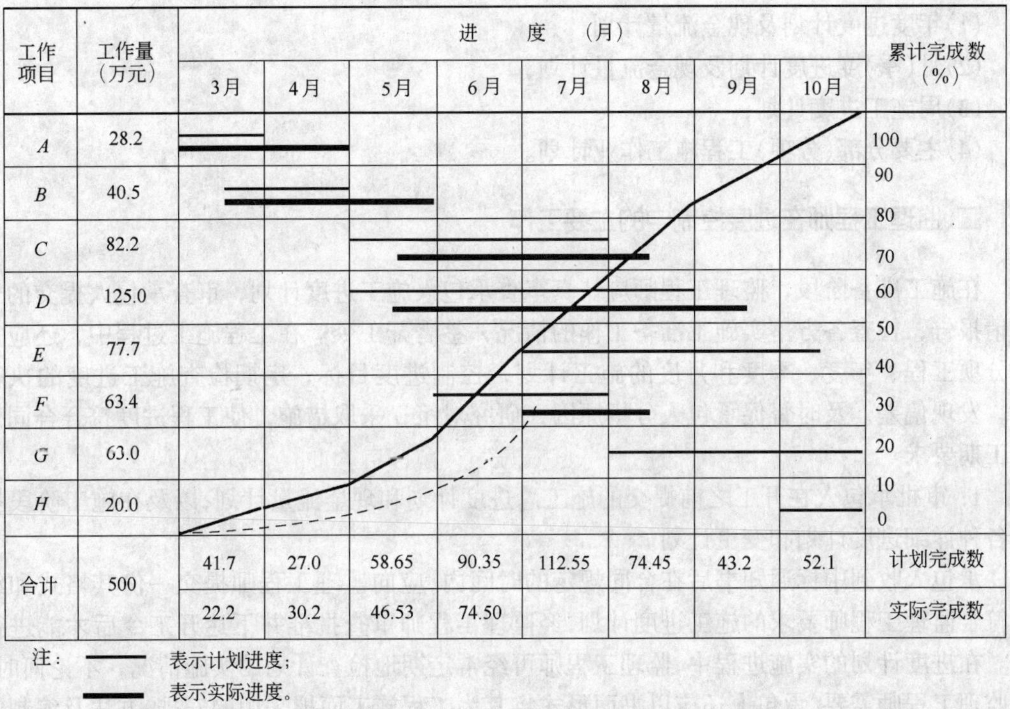

图 5-2　工程进度曲线图

第三节　施工进度计划的审批

FIDIC 条款规定，施工单位在接到中标通知书后，应在合同规定的时间内，向监理工程师提交一份格式和细节符合要求的施工进度计划。并不论何时，当监理工程师需要时，施工单位还应以书面形式将其为工程施工而拟采用的安排、方法和总说明提交给监理工程师。监理工程师在收到施工单位提交的施工进度计划后，应给予明确的批复，并抄报给建设单位，以便取得建设单位的支持。施工进度计划经监理工程师批准后，施工单位应严格按计划执行，且应按年、月、周上报具体详细的年、月、周施工进度计划。

一、施工单位提交施工进度计划的内容

按FIDIC条款规定，在施工准备阶段，施工单位提交进度计划应主要包括以下内容的文件：

(1)按规定格式和详细程度要求的施工总进度计划（横道图或网络计划），如表5-1所列；

(2)通过施工组织设计提出的主要工程施工方案和施工方法；

(3)全部支付的现金流量计划；

(4)劳动力、主要材料、主要机械需要量计划，如表5-2所示；

(5)临时工程和大型临时设施计划。

在将要开工前或施工过程中的合理时间内，承包人应根据临理工程师的要求提交以下阶段性进度计划文件：

(1)年度进度计划及现金流量计划；

(2)月(季)度进度计划及现金流量计划；

(3)周施工进度计划；

(4)主要分部(分项)工程施工作业计划。

二、监理工程师在进度控制中的主要工作

在施工准备阶段，监理工程师应认真审查承包人施工进度计划，审查承包人提交的开工申请报告，检查各方落实施工准备工作的情况，签署开工令。在工程施工过程中，还应审批各分项工程、年度、季度和月度的施工计划，控制进度目标；定期检查施工进度的执行情况，发现偏差，及时督促承包人分析原因，研究对策，采取措施，使工程进度符合合同规定的工期要求。

1. 审批承包人在开工之前提交的施工总进度计划和现金流量计划，以及在施工阶段提交的各种详细进度计划和变更计划。

承包人收到中标通知书后在合同规定的时间内，应向监理工程师提交一份其格式和细节均符合监理工程师要求的施工进度计划，经监理工程师审查批准并下达开工令后才能进行施工。在进度计划的实施进程中，监理工程师可经常定期地检查计划的实施情况。不论何时，只要监理工程师需要，承包人还应以书面形式将其为工程施工而拟采用的安排、方法及编制修改的施工进度计划提交给监理工程师。

2. 审批承包人根据总施工进度计划编制的年度、季度和月度的实施性进度计划，以及主要分部(分项)工程施工作业计划。

在施工过程的合理时间内，承包人应按照监理工程师要求的格式提交年、季、月、周进度计划及主要分部(分项)工程施工作业计划，经监理工程师审批后，作为阶段进度控制目标。

3. 现场检查承包人的劳动力配置、材料进场数量、机械设备进场的类型与数量等是否满足工程需要。

监理工程师审查施工进度计划时，必须审查承包人的劳动力、主要材料、主要机械需要量计划是否与之相匹配。施工过程中，监理工程师应经常检查承包人实际进场的工、料、机情况，以确保施工现场有足够的人力、材料、机械去完成工程施工任务。

工程总进度计划表

表 5-1

序号	工程部位	分项工程名称	单位	数量	说明	1998年			1999年												2000年		
						四季度			一季度			二季度			三季度			四季度			一季度		
						10	11	12	1	2	3	4	5	6	7	8	9	10	11	12	1	2	3
一	施工准备																						
	1	生产、生活临时房屋	m^2	3600																			
	2	临时预制场地、设施	项	1	可供51个沉箱及六、四角块预制																		
	3	场内水、电道(水垫道)	项	1																			
二	3#、4#码头工程(包括过渡段)																						
	1	基槽吹、抓泥(-10.8m)	万 m^3	52/8.05	绞吸或8 m^3抓斗式挖泥船																		
	2	基床抛、扫/夯实	万 m^3/万 m^3	5.83/2.49	使用1~2艘打夯船																		
	3	基床整平	m^2	0.896	找点、细平船(400 t)各1艘																		
	4	沉箱预制、安装	万 m^3/块	1.48/83	选用罐车运泵车浇筑，500 t 起重船吊装																		
	5	卸荷板预制安装	万 m^3/块	0.50/69																			
	6	沉箱接缝倒滤井	项																				
	7	现浇胸墙(包括轮块)	万 m^2	0.73	选用罐运、泵浇																		
	8	现浇管沟、盖安装	m	453																			
	9	沉箱后抛石基床倒滤层土工布	万 m^3/万 m^2	0.67/1.00																			
	10	沉箱内、后填中粗砂	万 m^3	4.82/13.21																			
	11	系船柱、网环爬梯制作、安装	项																				
	12	橡胶护舷制作、安装	项																				
三	护岸工程																						
	1	抛堤心石及埋坡	万 m^3	7.64	每月按1.5~20万 m^3																		
	2	抛底面、压脚棱体块石	万 m^3	1.54	因受沉箱安装影响作二次完成																		
	3	倒滤层、土工布	万 m^3/万 m^2	1.00/2.4																			
	4	四脚块预制	万块	0.40/0.80																			
	5	四脚块安装	万块	0.80	因受沉箱安装影响作二次完成																		
	6	现浇防浪墙	万 m^3	0.44																			
四	码头后方陆域吹填																						
五	码头后方堆场及码头后方道路																						
	1	六角块预制及铺砌	万 m^3/万 m^2	1.67/100																			
	2	附属构筑物	项																				

某工程年度劳动力使用计划表

表 5-2

序号	工程项目	工种名称	高峰期需要工人数（人）	使用计划											
				一季度			二季度			三季度			四季度		
				1月	2月	3月	4月	5月	6月	7月	8月	9月	10月	11月	12月
1	沉　箱	钢　筋	80	30	70	80	80	80	80	12	12	6	6	6	
2	沉　箱	模　板	70	32	60	70	70	70							
3	防浪墙	模 板	30					30	30	30	30	30	30	30	30
4	码头胸墙	模　板	30							30	30	30	30	30	30
5	混凝土振捣	混凝土	13	6	8	8	8	8	13	13	11	11	11	11	11
6	混凝土搅拌站	机械工	13	13	13	13	13	13	13	13	13	13	13	13	13
7	码头工程	潜水工	40			12	32	32	40	40	4	5	5		
8	码头工程	爆破工及潜水	30			30	30								
9	测　量	测量工	8	6	6	6	8	8	8	8	8	8	6	6	6
10	沉　箱	架子工	8	6	8	8	8	8	8	8	8	8	8	8	
11	水垫运输	起重及杂工	20		5	8	20	20	20	20	20	20			
12	总的工程项目	杂　工	80	50	50	50	50	60	80	60	80	80	80	50	50
13	六角块、四角块	外包工程	100	60	80	80	80	80	60	60	60	60	100	100	100
14	护岸工程		45	30	45	45	45	45							
15	管理人员		25	25	25	25	25	25	25	25	25	25	25	25	15
			合计	258	370	435	469	479	447	339	301	296	276	279	242

4. 定期检查承包人的实际进度与计划进度是否相符。当实际施工进度拖延时,可以要求承包人采取有效措施加快施工进度,及时修改或调整施工进度计划,以使实际施工进度符合施工合同规定的工期要求,确保按期竣工。

5. 下达停工令和复工令。

按照合同规定,因施工现场或气候原因,为了工程的合理施工,为了全部工程或部分工程的安全而导致必须停工时,监理工程师有权发布停工令,在符合合同要求时也有权发布复工令。对于承包人的过失违约或责任等原因引起工程必须停工时,监理工程师有权签发"停工通知单",直至承包人经过整改,并经验收合格后,监理工程师也有权签发复工令。

6. 按时签发工程计量支付证书。

监理工程师应提醒项目法人按批准的现金流量计划去积极筹措资金,以便按时支付进度款。未经监理工程师签署计量支付证书,项目法人不得向承包人支付任何工程款项。

7. 做好进度协调工作。

监理工程师的协调工作主要包括:协调项目法人和承包人之间的关系,依据合同条款公正地维护双方的利益,确保工期的按期完成;协调各承包人之间的关系,使其相互配合,保证按进度计划实施;可以定期召开监理、承包人或监理、承包人、项目法人参加的协调会议,调查影响工程进度的因素,制定措施,以保证各方协调一致地去完成进度目标。

8. 定期向项目法人提交工程进度报告,组织召开进度协调会议,并做好有关施工进度的记录和整理工作。当施工进度可能导致合同工期严重延误时,有责任提出中止执行施工合同的详细报告,供项目法人采取措施或作出决定。

9. 处理工程延期事宜。

三、施工进度计划的审批

监理工程师在收到承包人提交的施工进度计划后,应组织有关人员进行认真、仔细的审查,审查计划的符合性、合理性和现实可行性,在规定的时间内,以书面形式向承包人明确说明是否批准计划并提出修改意见。

审查的内容应主要包括以下几方面:

1. 工期和时间计算的正确性

承包人提交的进度计划的各项工作的持续时间、网络计划(或横道图)时间参数和关键线路计算必须准确无误,正确绘制。

2. 工期和时间安排的符合性

承包人提交的进度计划的总工期必须符合合同工期的要求。如果合同中规定有需要分阶段单独交工的项目,进度计划也必须明确符合分阶段单独交工的日期要求。

进度计划的安排应适当留有余地,也必须充分考虑施工准备和完工后清理现场的时间。

3. 施工方案的合理性

计划中各施工项目的施工顺序安排要合理,施工方案可行,施工总体布置合理、方便,选用的主要施工机具的施工能力与工程量相适应,现有或监时道路、桥梁、码头、航道必须满足施工运输要求。

对受低温、高温、降雨、台风、水位影响的施工项目,尽可能安排在适宜的时间施工,并应有相应的预防和保护措施。

4. 计划目标的现实可行性

进度计划安排必须与施工工作面情况相适应；承包人拟投入的劳务、技术管理人员、施工机具的配套工作能力必须要满足计划进度的要求；各种材料、半成品、成品、构件等的供应必须有充分保证。

5. 进度计划的协调性

当一个项目由多个承包人施工时，各承包人的进度计划应相应协调。

6. 施工准备的可靠性

施工临时用地、驻地建设和四通一平是否已解决，或已有可靠的解决方案；施工测量、材料检验、试验工作是否已妥善安排；主要技术人员、劳务和施工机具的进场日期是否有可靠保证。

7. 施工的经济性

施工应尽可能连续进行，减少不必要的中断；施工强度尽可能均衡，避免大起大落。

第四节　施工进度监测的主要方法

施工进度监测主要是进行实际完成情况与原订计划值之间的比较，以便及时发现偏差，它是进度调整的基础。施工进度监测常用的方法有实物工程量法、横道图法、工程进度曲线法、工程进度管理曲线法、网络计划技术法。

一、实物工程量法

实物工程量法是通过每隔一段时间（每周、每月）统计实际完成工程量与计划工程量时行比较的方法。表 5-3 为 × × 疏港公路 3 月份主要工程量完成情况表。由表可知，涉及软基处理的土工布、土工格栅、塑料排水板、路基填方施工和防护工程的砌体施工，进度严重滞后。

× × 疏港公路 3 月份主要工程量完成情况表

（截止日期：2000 年 3 月 25 日）　　表 5-3

名称			单位	合同数量	本月		累计	
					计划	实际	计划	实际
路基土石方工程	场地清理		万 m^2	7.5			7.5	9.5
	路基挖方		万 m^3	87.6	3	3	69	69.3
	路基填方		万 m^3	36.4	1.5	1	40.9	9.7
	结构物土方工程		万 m^3	1.8	0.2	0.2	1.6	1.6
	软基处理	土工布、格栅	万 m^2	16.4	1.2	0.4	20.1	15.8
		塑料排水板		42075	400		46671	19858
		砂砾、碎石垫层	万 m^3	6	0.22	0.19	7.23	5.5
排水工程	地面排水		m	8200	300	100	4900	1791
	涵洞		m	240.6				
防护工程	砌体工程		万 m^3	31911	600		5600	
	土工格栅		万 m^2	34356				

二、横道图法

横道图法是将项目施工中检查实际进度收集的信息，经过整理后，直接用横道线杆并列标于原计划的横道线处进行直观比较的方法。

图5-3中，在1998年6月30日检查时发现：现浇上、下节点混凝土均已完成，比原计划提前1个月；混凝土构件预制拖延约2个月；码头岸坡抛石拖延约4个月；安装橡胶护舷还未开工，至少拖延1.5个月；其他工作进度正常。这为进度控制者提供了实际进度与计划进度之间非常明确的偏差，为采取调整措施提供了重要依据。

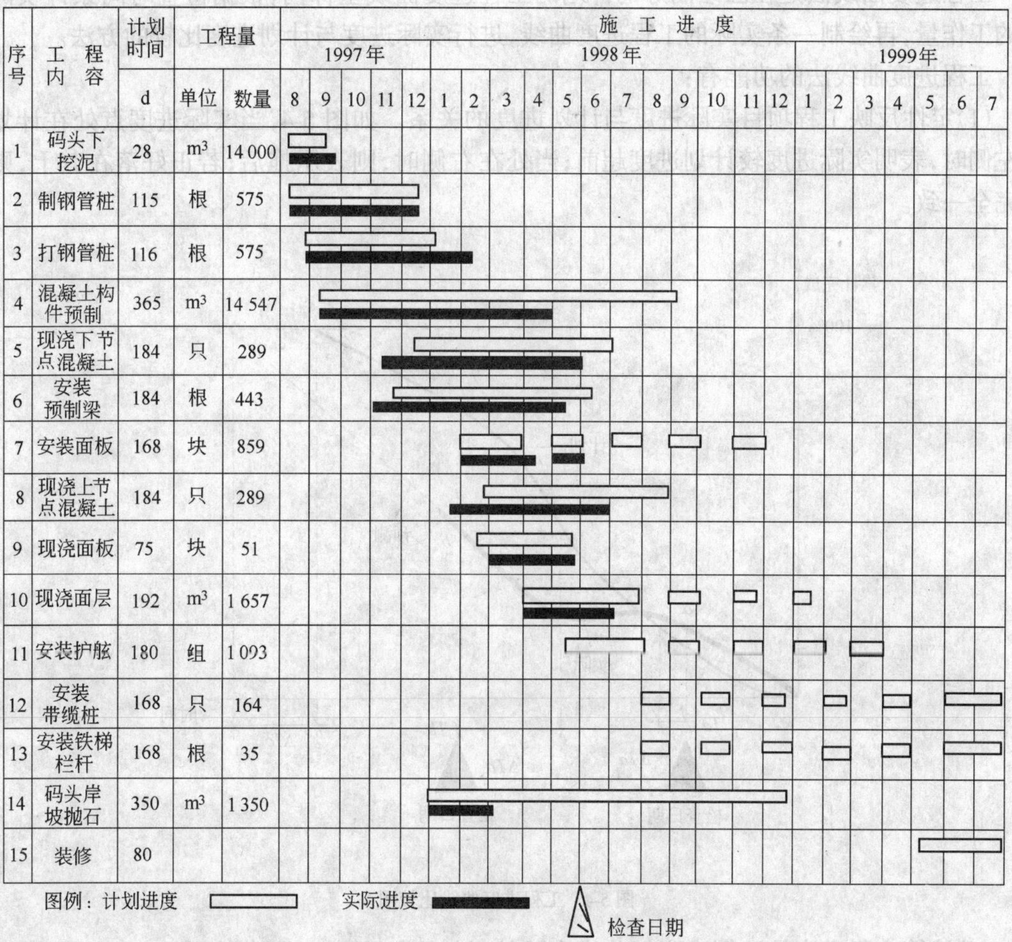

图5-3　某高桩码头工程计划进度与实际进度横道图

横道图法的步骤是：

1．编制横道图计划；

2．在横道图计划上标出检查日期；

3．将检查收集的实际进度数据，按比例（实际完成工程与总工程量之比）用涂点（黑）的粗线标于计划进度线标杆的下方；

4．比较分析实际进度与计划进度的关系：

(1)黑粗线右端与检查日期相重合,表明实际进度与计划进度一致;

(2)黑粗线右端在检查日期左侧,表明实际进度拖后;

(3)黑粗线右端在检查日期右侧,表明实际进度超前。

三、工程进度曲线法

使用横道图法监测施工进度,能直观地反映每项工作的实际进度与计划进度的差异,但很难从整体上准确表示出实际进度较计划进度超前或滞后的程度。要从整体上掌握工程进度状况,可采用工程进度曲线法。

工程进度曲线法是在已绘制好的计划的工程进度曲线坐标内,根据检查时间累计实际完成的工作量,再绘制一条实际的工程进度曲线,进行实际进度与计划进度比较的方法。

工程进度曲线法的功能有:

(1)定性反映工程项目实际进度与计划进度的关系。如图 5-4,当实际进度点处在计划进度左侧时,表明实际进度较计划进度超前;当处在右侧时,则表示拖后;若正好落在其上,则表示完全一致。

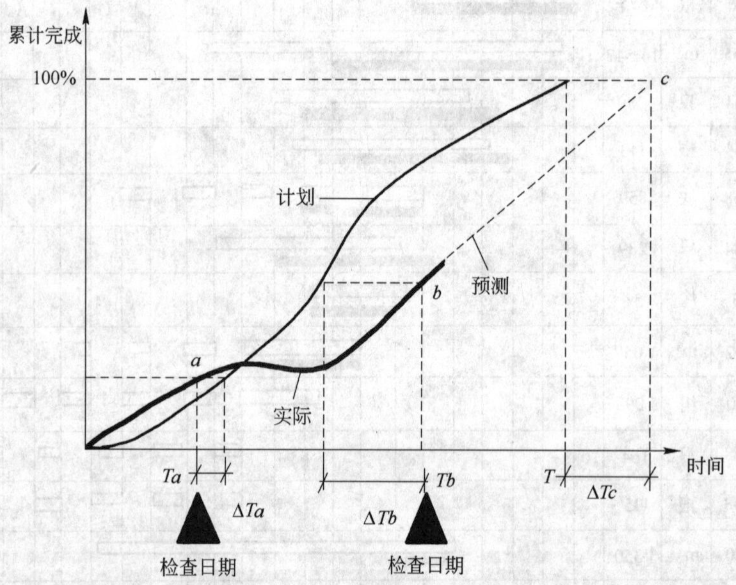

图 5-4　工程进度曲线比较图

(2)计算实际进度较计划进度超前或拖后的时间。如图 5-4,检查时刻的实际进度点到计划进度曲线的水平距离,即表示实际进度较计划超前或落后的时间。图中,ΔTa 表示 Ta 时刻实际进度超前的时间,ΔTb 表示 Tb 时刻实际进度拖后的时间。

(3)预测工程进度

由于工程进度曲线的某一点的斜率反映该时刻的施工速率,因此,图 5-4 中的 ΔTc 即表示继续按 Tb 时刻的施工进度施工,将会造成工期的拖延值。

运用工程进度曲线法的步骤是:

(1)编制工程进度计划(如横道图或网络计划);

(2)按计划进度绘制相应参数的累计曲线(用细实线);

(3)按实际进度绘制相应参数的累计曲线(用粗实线);

(4)对两条曲线进行比较、分析。

四、工程进度管理曲线法

从工程项目网络计划可知,在保证项目工期的前提下,任何一项工作都有最早和最迟两种开始与完成时间。因此,任何一个工程项目,都可根据网络计划绘制 *ES* 和 *LS* 两条工程进度曲线。由于网络计划无论按 *ES* 还是 *LS* 安排,都是从计划的开工时刻开工到计划的完工时刻结束,因此两条曲线是闭合的。工程进度管理曲线法是通过绘制实际工程进度曲线与 *ES* 和 *LS* 两条计划的工程进度曲线进行对比、分析的方法,使实际进度点尽可能处在 *ES* 和 *LS* 两条曲线围成的区域内,如图 5-5 所示。

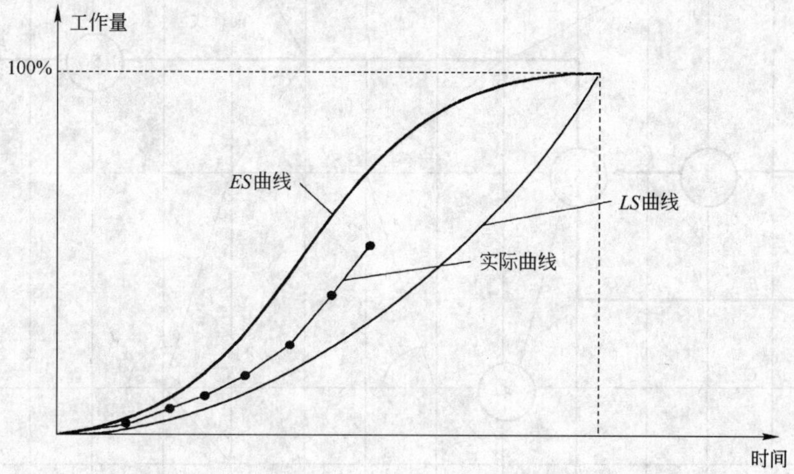

图 5-5 工程进度管理曲线图

工程进度管埋曲线法的步骤是:

1. 编制工程项目网络计划,计算时间参数;

2. 在同一坐标内,分别按 *ES* 和 *LS* 绘制计划进度的累计曲线;

3. 在项目实施中,根据检查时间与实际完成工作量,在 *ES* 和 *LS* 的同一坐标内绘制实际进度的累计曲线;

4. 实际进度曲线与 *ES* 和 *LS* 曲线分析比较

(1)若实际进度曲线在 *ES* 曲线左方,则进度超前;

(2)若实际进度曲线在 *LS* 曲线右方,则进度过慢,工程进度处于危机状态;

(3)若实际进度曲线处在 *ES*、*LS* 曲线围成的闭合区域内,则进度比较适中,进度偏差处于可控制范围内。

五、前锋线网络计划方法

前锋线网络计划方法是在时标网络计划图上,在检查时刻,根据实际工程进度情况,标画出实际进度前锋线,形象地描述实际进度执行情况与原计划目标差异情况的方法。

前锋线网络计划方法的步骤:

1. 绘制时标网络计划图

工程实际进度的前锋线是在按最早时间绘制的时标网络计划图上标画的，因此时标网络计划图应按最早时间绘制。

2. 绘制实际进度前锋线

实际进度前锋线是在计划执行的某一时刻，正在进行的各项工作的实际进度的前锋点的连线。绘制时应先标画出各线路的实际进度的前锋点，再从检查时刻的上坐标点开始，依次连接相邻线路的实际进度前锋点，最后与检查时刻的下坐标点相连，形成一条折线，这条折线就是一条实际进度前锋线(图5-6)。

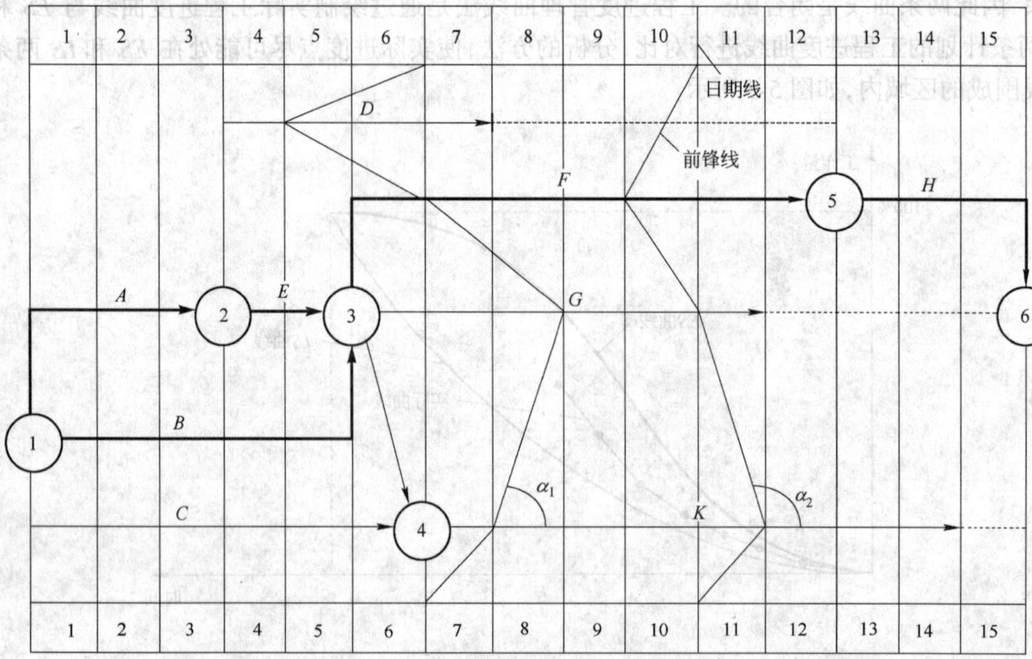

图5-6 某工程前锋线网络计划

绘制前锋线的关键是标定该检查时刻正在进行的各项工作的实际进度前锋位置。有二种标定方法：

(1)按已完成的工程实物量来标定。根据已完成的工程实物量，按线性关系推算所占持续时间，从工作的开始节点量取其长度确定出前锋位置。

(2)按尚需时间来标定。有些工作的延续时间难以按工程实物量来计算，只能根据经验或用其他办法估算出来。要标定该工作的某时刻的实际进度，就估算出从该时刻起到完成该工作还需要的时间，从完成节点反过来自右到左进行标定。

3. 比较实际进度与计划进度

以检查时刻的日期线作为基准线，以实际进度的位置作为前锋点，前锋线成为一个波形图。前锋点与基准线的关系有以下三种情况：

(1)前锋点处在基准线前面，则该工作实际进度超前，超前的天数为二者之差；

(2)前锋点处在基准线后面，则该工作实际进度拖后，拖后天数为二者之差；

(3)前锋点正在基准线上，则该工作实际进度正好与计划进度一致。

画出了前锋线，整个工程在该时刻的实际进度便一目了然。在执行计划中按照一定的时间间隔依次画出各时刻的实际进度前锋线，就可以相当生动地描述出进度计划各个阶段的执行动态。时间间隔愈短,描述愈精确。可以设想,如果将一个 进度计划执行过程中的所有实际进度前锋线按其先后顺序连续显示出来,我们将会相当直观地看到这个计划实际执行情况的整个动态过程。

4. 预测进度

在前锋线网络计划中,可通过对现在时刻和过去某时刻两条前锋线的分析比较,在一定范围内对工程未来进度和变化趋势作出预测。预测进度可利用前锋线倾角和进度比。

(1)利用前锋线倾角预测进度

前锋线倾角是指前锋线的某一线段两条线路前锋点的连线与其下邻水平线路前进方向的夹角。在图 5-6 中 α_1 与 α_2 为前锋线倾角。

从图 5-6 上可以直观地看到,某线路的前锋线倾角 α 的大小与该线路对于其上方相邻的那一条线路(简称上邻线路)的相对进度有关。该线路比上邻线路领先时,$\alpha > 90°$。反之 $\alpha < 90°$;两条线路齐头并进时,$\alpha = 90°$。前锋线倾角的大小变化,又与这段时间里该线路对于上邻线路的相对进展速度有关。该条线路进展速度比上邻线路快时,倾角由小变大;反之,倾角由大变小;两条线路进展速度相等时,倾角大小不变。观察前锋线倾角的大小及其变化就可以对相邻两条线路未来的相对进度作出定性的预测。

(2)利用进度比预测进度

进度比是前后两条前锋线在其线路上截取的线路长度 ΔX 与相应的检查时间间隔 ΔT 之比,用 B 表示:

$$B = \Delta X / \Delta T$$

B 的大小反映了该条线路的实际进展速度的大小。当

①该线路的实际进度慢于原计划进度时,$B > 1$;

②该线路的实际进度慢于原计划进度时,$B < 1$;

③该线路的实际进度正好等于原计划进度时,$B = 1$;

根据 B 的大小,就有可能对该线路未来的进度作出定量的预测。一般的说,如果 i、j 分别表示前后两条实际进度前锋线,它们的时间间隔 $\Delta T = T_j - T_i$,在某条线路上截取的长度 $\Delta X = X_j - X_i$(为了计算方便,T_i、T_j、X_i、X_j 可均用时间坐标轴"绝对工期"栏的数字计算)。那该线路在这段时间里的进度比

$$B = \frac{X_j - X_i}{T_j - T_i} \tag{5-6}$$

第 n 天以后该线路的前锋到达的位置为:

$$X_n = X_i + nB \tag{5-7}$$

这时该线路与原计划相比的进度差(即超前或落后的天数)

$$C_n = C_i + n(B - 1) \tag{5-8}$$

C_i 为现时刻该线路的进度差。C_n 得正值,表示计划超前;C_n 得负值,表示该计划落后。

第五节　施工进度计划的调整方法

一、施工进度的分析

工程进度的控制是一个系统工程,任何系统的控制都要充分适应系统环境条件的变化,从

输出得到反馈，并把其与预订的计划目标进行对比，这是控制过程的重要特征，在施工进度控制中也同样如此，如图 5-7 所示。

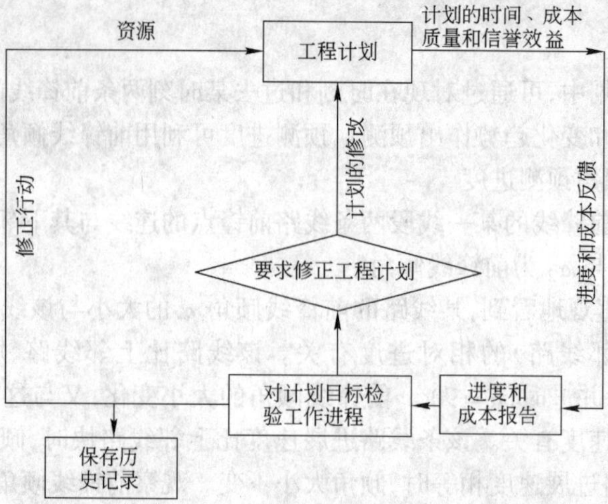

图 5-7　进度控制系统图

在进行工程进度计划分析和调整前，应注意收集必要的信息，如进度计划、估算、进度报告，人力、设备和材料费用、单价，管理费用、变更通知等，如图 5-8 所示。这些，要通过工程项目的控制功能而互相联系起来。

作为负责进度控制的监理工程师必须要监控工程项目的有关要素，掌握工程进展的反馈信息，以便必要时采取措施或通知承包人进行调整。

工作进度计划未能按期完成的许多原因(如天气、地质等)，尽管很容易发觉，但仍然经常出现完成情况持续低于计划目标的情况，导致工程进度连续拖延。在许多情况下，承包人无法确切解释效率低的原因，而使修正措施达不到预期效果。因此，进行工程进度分析是必要的。

(一)工程进度的分析步骤

为了有效地分析工程进度计划的完成情况，分析人员必须确定所有信息的可靠来源，取得有关数据，再进行影响因素的分析，找出其中起关键性作用的因素，并采取对策，进行调整。

分析步骤一般分为三个阶段，第一阶段是找出工程完成情况差的原因；第二阶段是进行因素分析，找出影响最重要的因素；第三阶段是提出建议和结论。如此反复进行，直到工程竣工为止。

(二)影响工程进度目标的因素

影响工程进度目标的因素很多。常见的有以下情况：

(1)竣工时间目标的变动；

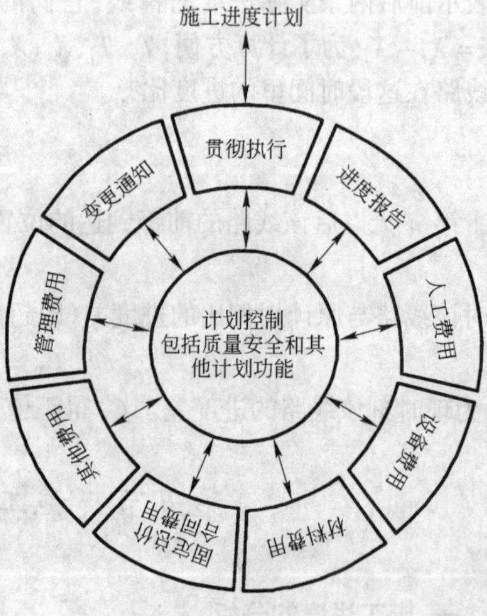

图 5-8　施工计划分析信息图

(2)工程项目费用目标的变动；

(3)相关技术规范的变动；

(4)建筑施工方法的变动；

(5)国家政策的变动；

(6)作业时间的估计值有修改；

(7)工作之间的关系安排不准确，需修改；

(8)不能按原订计划利用资源(如临时占地、材料、设备未按期交货、人力、机械数量未达到计划要求等)；

(9)未曾预料到的技术困难(如图纸未按期提交、原定的施工方案满足不了规定的技术要求等)；

(10)未曾预料到的环境条件；

(11)未曾预料到地质条件(如文物、化石、不良地质等)；

(12)未曾预料到的市场波动；

(13)分包单位未能按期落实；

(14)项目法人未按期支付进度款；

(15)监理工程师的组织、人员情况不能完全满足施工进度的需要；

(16)项目法人、监理、承包人之间配合存在问题；

(17)设计变更、工程变更等的影响。

(三)工程进度分析的内容

当工程实际进展情况与原订计划出现较大偏差时，应进行分析，找出影响的因素及起关键作用的因素，以便制订对策和调整。

工程进度分析的主要内容包括：

1. 分析工程进度计划完成的比率(工程量、工作量完成的百分率)，是否影响按期竣工？

2. 考察关键线路，关键工作是否出现拖延？非关键线路时差是否用完，并已转变为关键线路？

3. 考察有哪些工作(工程项目)影响了工程的工期，拖了计划的后脚？

4. 对上述这些工作进行详细的分析，确定影响各工作计划的关键(或主要)因素？

详细分析的内容主要有：

(1)劳动力情况分析　主要分析：实际投入劳动力数量与计划劳动力数量的关系，直接生产工人与管理人员的比例；施工顺序、工作流程是否合理；返工率和废品率状况；劳动组织与生产效率是否满意；工程变更和事故率是否正常；天气情况等；

(2)材料情况分析　主要分析：材料供应是否及时，有无待料情况？料场布置是否合理？材料的运距是否太远？材料的储备周期是否合理等？

(3)机械设备情况分析　主要分析：机械设备是否满足工程进展的要求，机械设备的利用率和完好率如何？设备是否陈旧？机械设备的停工时间所占的百分比有多大？工地是否有备用零件，维修是否及时，有没有预防性的维修计划？机械设备的生产率是否能达到额定的要求等。

(4)试验检测情况分析　主要分析：工地的试验仪器和设备能否满足工程的需要；试验和检测的组织体系是否健全和有效；试验人员是否满足试验检测工作的需要；试验的数据和成果是否在有效的时间内反馈到各有关人员手中等。

(5)财务情况分析　主要分析:承包人是否有足够的资金垫付材料、设备、人员工资等款项;项目法人是否按期支付工程进度款？各种资金的支出是否比例失调？

(6)其他情况分析　如天气是否特别恶劣？项目法人是否履行了应尽的义务,有无责任？如延迟占用土地,延期交图、工程暂停、额外或附加工程等;监理工程师是否正确履行了职责,如文件未及时批复,监理人员不足,未及时检测验收等。

5. 针对上述分析得出的主要因素，拟定采取的措施，加以改进，以使工程按期竣工。

二、施工进度计划的调整

通过进行进度计划的检查,可以发现实际进度与计划进度的偏差。为了确保工程按期建成,就有必要对计划进行调整。计划的调整是承包人的责任。监理工程师在发现计划有较大偏差时,可以要求承包人进行调整,以符合实际施工的需要。

计划执行中的调整,一般有以下几种原因:

因某种原因需要将原网络计划中的某些工作删除;

由于编制网络计划时考虑不周或设计变更需要在原网络计划中新添工作;

由于实际工程进度有提前或拖延现象,需要修改某些工作的持续时间等。

计划调整的方法主要有以下几种:

增加人力和设备等施工力量,以缩短关键工作持续时间。具体可以是额外增加人力、设备,也可以采用加班加点的办法。

采取组织措施,如采用分段流水作业,立体交叉作业等;

采用必要和可行的技术措施,如改变施工方法,施工顺序等;

采用一些有效地管理措施,如召开工地会议等。

(一)无时标网络计划的调整方法

1. 关键工作的调整

在网络计划中,工期是由关键线路的长度决定的,而关键工作是没有机动时间的。其中任一工作持续时间的缩短或延长都会影响整个工程的工期。因此,必须集中精力抓关键,当这些工作出现提前完成或拖延时,应找出原因,采取对策。

当关键线路上某些工作的持续时间缩短了,则有可能出现关键线路转移,后续各工作的最早开始时间,最迟开始时间以及时差的大小都有可能发生变化。因而后续工作的持续时间也可能需要进行必要的调整,并重新计算时间参数。

当关键线路上某些工作的持续时间延长了,势必影响整个工程的工期。为确保工程的按期完成,进度计划必须进行调整。此时,由于关键线路上时间的压缩,某些非关键线路也可能上升为关键线路。如果它也超过了规定工期,也需同样地加以压缩。解决此类问题的简单方法是一次找出全部应该压缩的线路或工作,然后统筹安排,得出一个合理的压缩方案,现举例说明之。

例　某工程网络计划如图 5-9 所示,全部工程要求 12d 完成计划,假定开工后第 5d 检查计划执行情况,实际进度如图中的点划线所示。

检查方法:首先检查关键线路,分析进度是否正常,然后检查非关键线路上工作的进度,分析它们提前和拖后的情况。检查结果如表 5-4 所列。

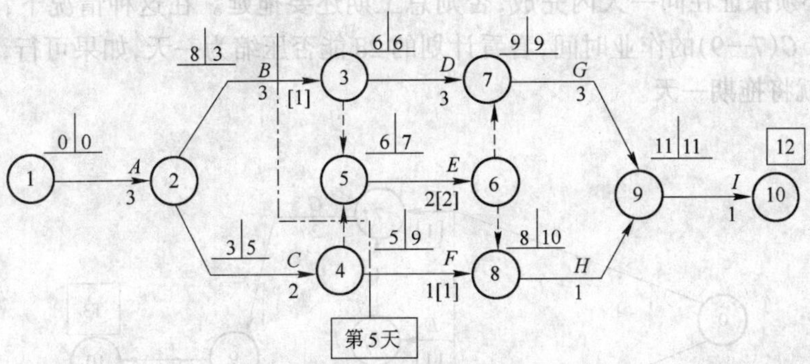

图 5-9　待检查的网络计划示例

网络计划检查结果　　表 5-4

工程编号	工作名称	在第 5d 时尚需作业天数	按计划最迟完成前尚有天数	目前尚有总时差天数	原有总时差天数	情况分析
2—3	*B*	1	6 - 5 = 1	1 - 1 = 0	0	正常
4—8	*F*	1	10 - 5 = 5	5 - 1 = 4	4	正常

由表中数字可以清楚地说明各工作进度计划执行的情况，即关键线路上工作（2—3）情况正常，非关键线路（4—8）工作情况也属正常。如果表中各项工作进展情况（目前尚有的总时差天数）出现负值时，则表示计划拖延了，或者虽然尚有机动时间，但与原有总时差天数比较而有所减少，那么就要分析该工作拖延的原因和继续施工能否保证不因机动时间减少而影响工期。

图 5-10 和表 5-5 是执行到第 9d 时检查的结果。

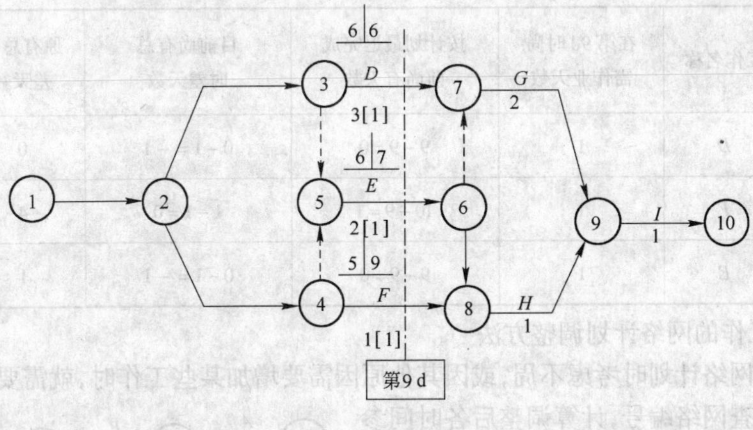

图 5-10　图 5-9 中网络计划执行到第 9d 的情况

由表中看出关键线路上 *D* 工作(3—7)拖延了一天,而非关键线路上 *F* 工作虽可以按最迟时间完成,使机动时间比原有少了 4d,工作 *E* 出现了负值,说明该工作也拖延了。

由于关键线路的工作 *D* 拖延影响到总工期延长一天(图 5-11),即由 12d 变为 13d,这时就必须对关键线路上的后续工作采取措施加快一天,以保证原计划工期,在此同时对非关键线路

上工作 E 也必须保证在同一天内完成，否则总工期还要拖延。在这种情况下，比较可行的办法是加快工作 G(7—9)的作业时间，看看计划的 2d 能否压缩为一天，如果可行，总工期总能得到保证，否则就将拖期一天。

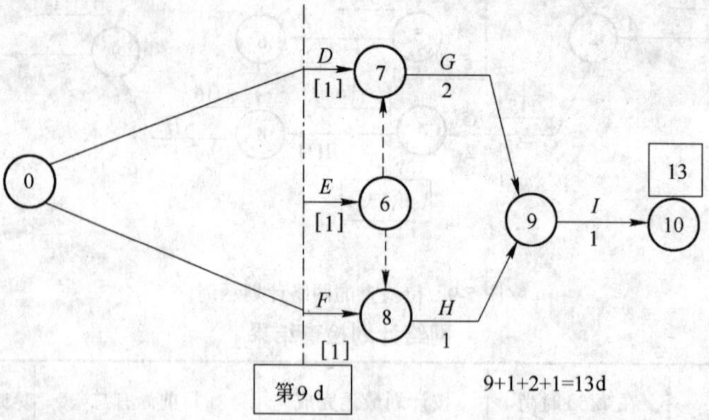

图 5-11 工作 D 延期一天的网络图

当采用第一种方法调整有困难时，则采取第二种方法，即重新安排施工顺序，调整施工力量，重新编制网络计划。

2. 对非关键线路上工作的检查与调整

当非关键线路上某些工作的持续时间延长了，但不超过时差范围时，则不影响工期，计划也就不必调整，在表 5-5 中的 F 工作原有 4d 时差，检查时虽然没有时差了，也不必进行调整。

当非关键线路上某些工作的作业时间延长而超过了总时差时，则势必影响整个工程工期，关键线路就会转移。在表 5-5 中 E 工作超过原时差范围上升为关键工作。这时，其调整方法就与前述关键线路的调整方法相同了，此不赘述。

网络计划执行到第 9d 时的检查结果 表 5-5

工程编号	工作名称	在第 9d 时尚需作业天数	按计划最迟完成前尚有天数	目前尚有总时差天数	原有总时差天数	情况分析
3—7	D	1	9 - 9 = 0	0 - 1 = - 1	0	拖延一天
4—8	F	1	10 - 9 = 1	1 - 1 = 0	4	正　常
5—6	E	1	9 - 9 = 0	0 - 1 = - 1	1	拖延一天

3. 增加工作的网络计划调整方法

由于编制网络计划时考虑不周，或因其他原因需要增加某些工作时，就需要重新调整网络逻辑关系和检查网络编号，计算调整后各时间参数、关键线路和总工期。下面举例说明增加工作的调整方法。

例　某工程由 A、B、C、D 四项工作组成，如图 5-12 所示。

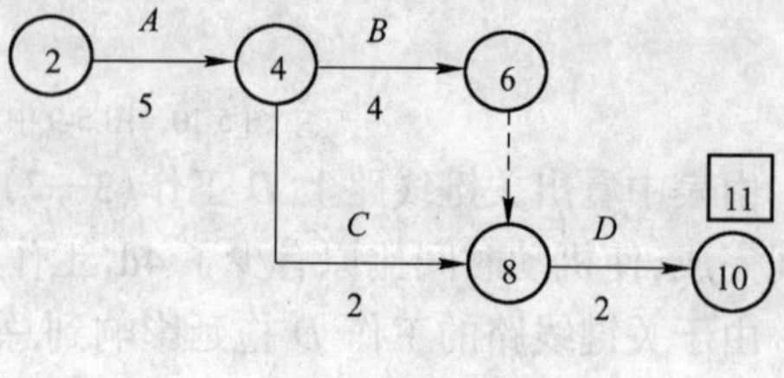

图 5-12 某工程网络计划

在执行中发现，A 工作完成后与 C、B 工作同时进行的还有 E 工作，因此要增加 E 工作。

由于在原网络计划编号时考虑了增加工作的可能性，留有备用号，在这种情况下则不必打乱原来编号，只需增加工作箭线和节点并补一个空号即可，其结果如图 5-13 所示。

重新计算时间参数后，发现关键线路已经转移，总工期也由原来的 11d 延长到 12d 了。从图 5-13 中可见，增加了 E 工作其持续时间大于 B 工作，故关键线路转移到 E 工作上了，总工期也就相应地延长一天。

如果从起点节点一开始就要增加工作 E 并直到终点节点结束，画法就如图 5-14 所示。

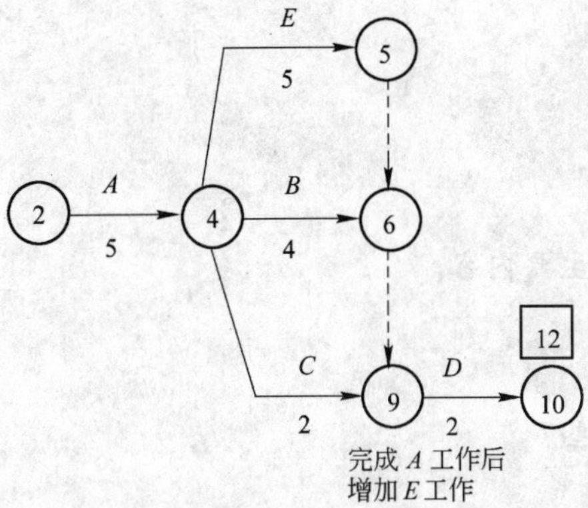

图 5-13　图 5-12 中的网络计划调整后

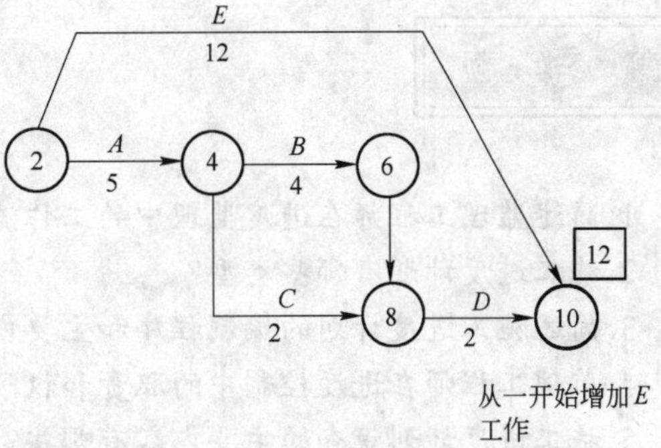

图 5-14　图 5-12 中的网络计划调整后

应用电子计算机进行网络计划调整非常方便，只要将修改的有关数据输入，计算机就可以输出调整后的时间参数和关键线路等有关信息。

(二)时标网络计划的调整

时标网络计划的调整，可以利用前锋线网络计划方法来进行。

在控制进度的时候，一般应尽量使各条线路平衡发展，前锋点超前的应予放慢，前锋点落后的必须加快。有的线路虽然在目前暂时落后，如果有时差可以利用，而落后的天然未超过可利用的时差，或者虽然落后但目前进展较快，可以预见在不久的将来会赶上来，不致影响其他线路的进展，对它就可以不予处理；如果落后的是关键线路，或者虽然不是关键线路但已落后的太多，超过了可以利用的时差，或者目前进展较慢，可以预见在未来将落后得更多，可能妨碍到关键线路的进展，我们就必须采取措施使之加快。

在采取反馈措施时，如果施工力量可以在不同工作之间互相支援的话，我们可以从进展速度快($B>1$，但不一定已比原计划超前)的工作上抽调力量支援进展速度慢($B<1$，但不一定比原计划落后)的工作。B 的大小也反映了施工力量的配备情况：$B=1$，表明力量的配备与计划的要求正好适应；$B>1$，表明力量有余；$B<1$，表明力量不足；如果 $B=1.2$，说明力量多 20%；如果 $B=0.8$，说明力量缺 20%，依次类推，进行力量调配就有了数量上的依据。

前锋线可以看成弯折了的日期线。在图 5-6 中。第 6d 的前锋线也可以看成该天的实际日期线，下一天(第 7d)要进行的工作，就是这条前锋线前面的工作。3d 后的工作大体上就是将这条前锋线平移 3d 后的线前工作。这样，有了前锋线就不管实际进度与原计划有多大出入，施工网络图都不必重画，用它来进行施工的安排、调整仍很方便。

为了便于用实际进度前锋线进行管理，时标网络图应该按流水或工段号进行排列。只有这样排列，同一水平线路才不会出现组织逻辑关系。表示组织逻辑关系的虚工作只出现在各条水平线路之间。

实际上每画一条前锋线就是对网络计划的一次调整。我们设想把前锋线拉成垂直线，那么它的右边就会出现一个根据目前实际进度调整以后的子网格，若把前锋线看成一个被拉成一条线的节点。那么它右边的子网络也完全符合时标网络图的规则，所以利用前锋线来进行网络计划管理的过程也就是对计划跟踪调整的过程。

实际进度前锋线也是工程实际进度的形象记录。工程施工完毕，画各个时间点的实际进度前锋线，可以对工程进度及组织管理工作作出评价，又可以反过来检验资料，指导以后的计划和施工。

复习题

1.简述监理工程师在进度监理中的工作流程和主要内容。

2.施工进度计划有哪些类型？

3.简述施工进度计划的编制程序和主要内容。

4.监理工程师在进度控制中的职责和权限有哪些？

5.施工进度计划审查的主要内容有哪些？

6.施工进度计划调整的原因有哪些？如何调整？

7.进度控制可采取的措施有哪些？

8.什么是前锋线网络计划？什么是实际进度前锋线？什么是前锋线倾角？什么是进度比(用公式说明)？

9.施工进度监测的主要方法有哪些？各有何优缺点？

第六章　进度拖延原因及处理

［自学提要］　本章重点掌握工程进度拖延的处理方法，尤其是工程延期的申请、审批程序和索赔工期的计算方法。通过对工程进度拖延原因的分析，以便监理工程师在工作中尽可能避免工程延期。

在工程建设中，工程的竣工日期应该是工程开工日期加合同规定的工期。但是，由于各种原因，有时会出现工程不能按期竣工，使完工时间延长的情况。工期延长的原因可分为两类，一类是承包人的责任，另一类是非承包人的责任，有时有些责任是很难区分的。这时监理工程师应依据合同授予的权力及有关合同条款，公正、合理地处理此类问题。

第一节　进度拖延的原因

一般来说，承包人的责任就是在合同规定的施工期限内，保质保量地完成所承包的工程，除非监理工程师根据承包人的申请，书面批准将竣工期限延长。否则，承包人应按合同条款的规定向项目法人交纳延误工期的违约赔偿费。工程的延期和延误，对项目法人、监理工程师和承包人来说，都是十分重要的。对项目法人来说，同意延期，将造成工程项目竣工工期的延长，使其不能按期投产，也可能会造成经济上的损失。

对承包人来说，获得工程延期，就可减少甚至消除由于工期延误而支付的延期损害赔偿费。出现工程延误，承包人将不能按期竣工，会增加经济损失（如违约罚金，设备租用期延长等），甚至会被项目法人采取强制分包或被驱逐出工地，造成信誉等的损失。

对监理工程师而言，在此类事件发生时，应仔细研究造成此种期限延长的原因和责任，并考虑到：

1．同意延期将造成项目法人成本上的增加；

2．同意延期可能给承包人造成要求费用索赔的理由；

3．拒绝承包人申请延期的合理要求，也可能导致承包人要求费用索赔。

因此，监理工程师在处理延期和延误问题时，应仔细加以研究，以便正确地向项目法人推荐公正合理的处理方案。

一、工程进度拖延的分类

工程进度拖延可分为工程延期（合同规定可能延期的）和工程延误（完全属承包人责任所造成的）两类。

1．工程延期

凡不是由于承包人一方的原因而引起的、且合同规定可能获得延期的，属于工程延期。对此，项目法人及监理工程师应依据合同规定给承包人延长施工时间，即满足其工期索赔的要求。

工程延期产生的原因较多，如异常的天气、大海潮、人力不可抗拒的天灾、项目法人变更设计、项目法人未及时提供施工进场道路、地质条件恶劣等。

在批准工程延期时，如存在有事实证明的经济损失，且承包人已按合同规定提出了费用索赔的要求，则监理工程师和项目法人除批准工期延长外，还应依合同的规定批准承包人合理的费用索赔要求。

2．工程延误

这是指由于承包人的责任而引起的工期延误。如施工组织协调不好，人力不足，设备不足或完好率较低，劳动生产率低，施工管理混乱，工程质量不符合合同规定的技术标准而造成的返工等。

出现工程延误时，承包人不仅不能获得工期和费用索赔，而且还要向项目法人赔偿"违约罚款"。出现工程延误时，监理工程师可依据合同授予的权力，指令承包人加快工程进度，并向项目法人报告提出采取措施的建议供项目法人决策。项目法人可能采取强制分包或终止合同等。这时，加快施工、终止合同等造成的一切经济损失，应由承包人承担。

二、施工进度拖延的原因分析

造成进度拖延的原因是多方面的，有属于项目法人方面的和监理工程师方面的，也有属于承包人方面的，有时甚至是三方面的原因都有。因此，在工程项目的建设中，项目法人、监理工程师和承包人三方，都应以客观的态度认真对待，采取有效措施，尽量避免索赔的发生，给工程的顺利进行、按期竣工创造条件。监理工程师应公正、客观、合理地评价承包人的索赔申请，对合理的，符合合同规定的索赔，应及时予以确认；对不符合合同规定的索赔，应坚决予以拒绝。承包人在提出索赔申请时，也应符合实际情况，符合合同规定的条款，并提供充分的证据，不可漫天要价，扩大事实。

（一）合同规定承包人有权提出工期索赔的内容

1．任何形式的额外或附加工程

这是指当项目法人与承包人的施工承包合同签订后，在施工过程中，由于设计的变更或其他条件的变化，项目法人提出增加合同外的工程项目或附加的工程，从而使承包人增加工作，延长了工程的竣工时间。如某承包人在土方施工中，经实际计量，石方数量比合同中工程量清单上的数量多很多，由此造成了工程进度的拖延，这时，承包人可要求延期。

2．未能给出占有权

这是指项目法人未能按合同规定的时间给承包人提供现场占有权和出入权，并导致承包人延误了工期。如承包人按施工进度计划的安排占用某部分土地，并在此时间到来之前已书面向监理工程师和项目法人提出使用此块土地的申请，而监理工程师和项目法人在此时间后超过4个星期才移交土地，从而造成承包人在工地的等待。这时，根据 FIDIC 条第 44 条的规定，承包人有权获得延长工期。

3．化石的处理

这是指承包人在工程现场施工中发现有化石、文物、建筑结构，以及地质和考古价值的遗物时，应及时通知监理工程师进行处理。如由于监理工程师在处理这些问题时，造成了承包人工期的延误，此时，监理工程师应同意延期。

4．图纸、指令等的延迟发出

这是指项目法人和监理工程师未能在合理的时间内，按承包人提出的通知要求给承包人提供施工图纸或指令，从而耽误了承包人的施工，造成了工程的延期。

5. 工程的暂时停工

这是指根据项目法人和监理工程师的指示，承包人暂时停止施工。当暂时停止施工的原因除了合同中另有规定，或由于承包人一方的失误或违约导致的，或属于承包人应对其负责的，或由于现场天气条件导致的及为了工程的合理施工或其任何部分的安全所需的暂停之外，且造成了承包人不能按期竣工时，监理工程师和项目法人应给予承包人延长工期的权力。

6. 样品与试验

在工程抽查中，如果监理工程师要求做的检验是属于：

(1)合同中未曾指明或未作规定的；

(2)合同中没有特别说明的；

(3)虽然已说明或作了规定，但监理工程师要求做的检验是在被检验的材料或设备的制造、装配或准备地点场地以外的其他地方进行。

如果检验结果表明操作工艺、材料符合合同规定的要求，且耽误了施工进度，则监理工程师在与项目法人和承包人协商之后给予承包人延长工期。

7. 不利的实物障碍或自然条件

这是指在工程施工中，承包人遇到了现场气候条件以外的，即使一个有经验的承包人也无法合理预见到的外界障碍或自然条件(外界障碍包括诸如地下结构物、污水管道、供水管道、地下电缆、基础等，自然条件是指地下土壤条件，如软土等)，则承包人应立即通知监理工程师。如果监理工程师认为此类障碍或条件，确实不可能为一个有经验的承包人所合理预见，且承包人为此耽误了进度，造成了工期的拖延，则监理工程师可考虑给予承包人延期。

8. 异常恶劣的气候条件

这是指在工程施工过程中，承包人在现场遇到了特别异常恶劣的气候条件(如雨季期特别长)，且是一个有经验的承包人也无法预见的情况，造成了工期的延长，此时，监理工程师可考虑给予延期。

9. 项目法人造成的延误、障碍等

这是指项目法人在工程施工过程中，违反了合同规定的应负的责任而导致了工程的延期，如由项目法人负责采购的材料、设备未能按合同要求按时交付给承包人，项目法人不能按期支付工程进度款而使承包人因缺乏资金而无法进行施工等所造成的工程延期；或由于项目法人在现场对承包人指挥失误而导致施工秩序混乱引起的工程延期。

10. 任何其他的特殊情况

这是指除以上原因外，属于项目法人、设计单位、监理工程师等的责任或不可抗力所造成的工程延期。如由于战争、叛乱，军事政变或内战；离子放射或放射性的污染；因工程设计不当而造成的损失或破坏；因项目法人使用或占用部分已交的永久工程不当造成的损失或破坏；一个有经验的承包人通常也无法预测和防范的任何自然界力量的破坏；监理工程师未及时批复承包人的有关请示文件；监理工程师未及时检测验收等等。

对于合同规定承包人可以有权获得工程延期的情况，承包人应以书面形式实事求是的提出有关工程延期的要求，并提供充分的证据，以供监理工程师和项目法人审批。

(二)由于承包人自身原因造成工期延误

1. 不能按期开工

这是指在项目法人与承包人签定施工承包合同后，承包人未能在项目法人规定的开工时间进驻施工现场并开始施工所造成的工程拖延，工期延长，以致于使监理工程师不能按时发布开工令。

2. 设备不能满足工程需要

这主要包括承包人按合同规定应进场的设备不能按期进场，设备数量不足，生产率达不到预定的要求；或者是设备的完好率较低，虽然进场了大量的设备，数量上满足要求，但完好率较低，实际使用的设备不能满足施工进度要求，而造成的工期延误。

3. 人力不足

这主要包括承包人所投入的劳动力、技术人员、管理人员等不能满足工程进度计划的要求，而导致工期延误。

4. 施工组织不善

这主要是指承包人对工地各方面的组织、管理不当造成施工程序或秩序混乱；或由于管理手段落后，使各方面的行动不能协调一致，造成工、料、机等的浪费；或由于不能充分利用现代的科学组织管理方法组织连续、均衡、协调的施工；甚至出现工人消极怠工、施工混乱等而造成的工程延误。

5. 材料短缺

这是指承包人自行采购的材料、构件等不能按期到货，致使工程中断、停工待料所造成的工程延误。

6. 质量事故

这是指承包人在工程施工中，未能按合同规定的技术标准和规范进行施工，从而造成工程质量不符合检测验收标准，或判定为不合格产品，而需返工或重建的工程，并因此而引起工程的延误。

7. 安全事故

这是指承包人在工程建设中，未能遵守安全操作规程或出现意想不到的安全事故，从而造成损失和工程的延误等。

对于因承包人自身原因所造成的工期延误，项目法人也可采用反索赔的措施，以维护自己的利益。一般在合同文件中都列有工程延误的违约罚款的条款，并明确规定罚款额的计算方法。

在实际的工程建设中，造成工程延误的原因是多方面的，有时甚至是十分错综复杂的，分清是属于哪一方的责任有时甚至是十分困难的。因此，作为监理工程师，就要充分地理解和掌握合同文件，当工程建设中出现延误的苗头时，应注意搜集有关的证据资料，以便作出公正合理的判断。

第二节 工程延误的处理

当工程建设由于承包人自身原因造成工程延误时，监理工程师、项目法人、承包人都应积极地采取有效措施，尽可能使工程能按合同规定的工期及监理工程师批准的展延工期完工。监理工程师在处理工程延误时，应充分地掌握合同条件，利用合同授予监理工程师的权力，根据工程延误的严重程度，运用工作指令，停工指令、停止支付进度款。要求承包人按投标书附件中规定的金额进行误期损失赔款，终止对承包人的雇用等措施，公正合理地处理工程延误事件。

一、未按施工进度计划施工的处理

FIDIC 合同条件规定，承包人在接到中标通知后的规定时间内，应向监理工程师提交一份格式和细节,都符合监理工程师规定的工程进度计划并取得监理工程师的同意。当工程实际进度与已同意的工程进度计划不符合时,监理工程师可要求承包人提交一份修正的工程进度计划,承包人应及时提交。同时,监理工程师应与承包人座谈,讨论进度计划执行中存在的困难,并且尽量提供帮助。重要的是,要检查监理工程师是否存在任何工作失误而导致工程的延误,如迟作测试,未及时审批工程开工报告及有关文件等。

作为承包人,应按监理工程师的要求提供一份修正的能保证按期竣工的工程进度计划。如未能履行这种责任,原则上项目法人有权将其逐离工地(见 FIDIC 第 63 条款)。

倘若监理工程师不满意承包人所提供的修正工程进度计划,应拒绝采纳。监理工程师批准修正计划,并不免除承包人履行合同的责任,且在任何时候都应有一个有效的经批准的工程进度计划在使用。但是监理工程师应注意,提供意见和协助是必要的,但切勿指示承包人如何加快施工。此举可能导致索赔,因为按监理工程师指示的方法和措施加快进度可能会引起施工成本增加。

监理工程师必须留意,批准修正的工程进度计划仍以合同指定的竣工期限为依据。否则,将会被视为准许延长施工期限的批复。

二、施工进度过于缓慢的处理

(一)工程进度过于缓慢的处理

假如工程的进度缓慢,使工程明显无法如期完成时,监理工程师应在认为合理的时候发出通知,告知承包人工程进度过于缓慢,以引起承包人的高度重视。

承包人应尽可能采取一切有效措施,以确保工程的按时完成。假若承包人没有采取措施或措施不力,无法加快工程进度时,按 FIDIC 条件,在项目法人和工程师只有两个解决办法:

(1)坐视不理;

(2)将承包人逐出工地。

但此两个办法都会引起许多麻烦。为此,监理工程师应尽可能作出各种尝试和努力,以改善工程进度。监理工程师的行动可能包括以下几种:

(1)访问工地取得问题的第一手资料,并加以研究,找出存在问题的关键及研讨可能解决的办法;

(2)邀请承包人的上级管理部门,协商可能采取的行动计划;

(3)坚持与承包人的上级管理部门保持经常的联系,召开联席会议,以加强对工程进度的监控,促使承包人履行承诺。

(4)邀请项目法人参加工地会议和上述会议,以向承包人加压。

值得注意的是,进度越延迟,问题越难以解决。因此,监理工程师对此应尽早采取有效措施。

倘若项目法人决定进入工地及将承包人逐出,则监理工程师必须确定及记明承包人于被逐时应得的款项和迄今已完工程的施工设备及临时工程的价值。

(二)工程进度受严重阻延的处理

当工程进度计划受到严重阻延,且有理由确信承包人无法按期完成工程时,或确信有下列情况者,监理工程师必须及时向项目法人证实承包人违约的事实,然后由项目法人去决定是否按监理工程师所证实的违约事宜采取行动。

(1)承包人放弃合同;

(2)承包人未能动工或停工 28d;

(3)虽然监理工程师提出警告，而承包人并没有遵从合同作业；或当作业时，持续地或者公然地不理会合同规定应负的责任。

项目法人可采取的行动主要有：

(1)终止与承包人的合同；

(2)将部分(或剩余)工程转包给其他承包人或自己完成。

项目法人在发出所采取的行动通知的14d后即可进驻现场和工程，并可根据需要使用其认为合适的那部分承包人的设备、临时工程和材料。

第三节 工程延期的处理

当工期拖延非承包商原因引起时，如果承包商提出延期申请，监理工程师应按照合同规定，进行认真的调查研究、计算和审核，给予承包人延长工期的权利。当然，如果采用赶工更合理，且承包人也同意赶工，监理工程师也可通过与项目法人、承包人协商，由项目法人支付额外的赶工费用，使工程项目按原竣工工期完工。

一、工程延期的申请与审批

图6-1所示为FIDIC条款规定的承包人延期申请与监理工程师的审批程序。

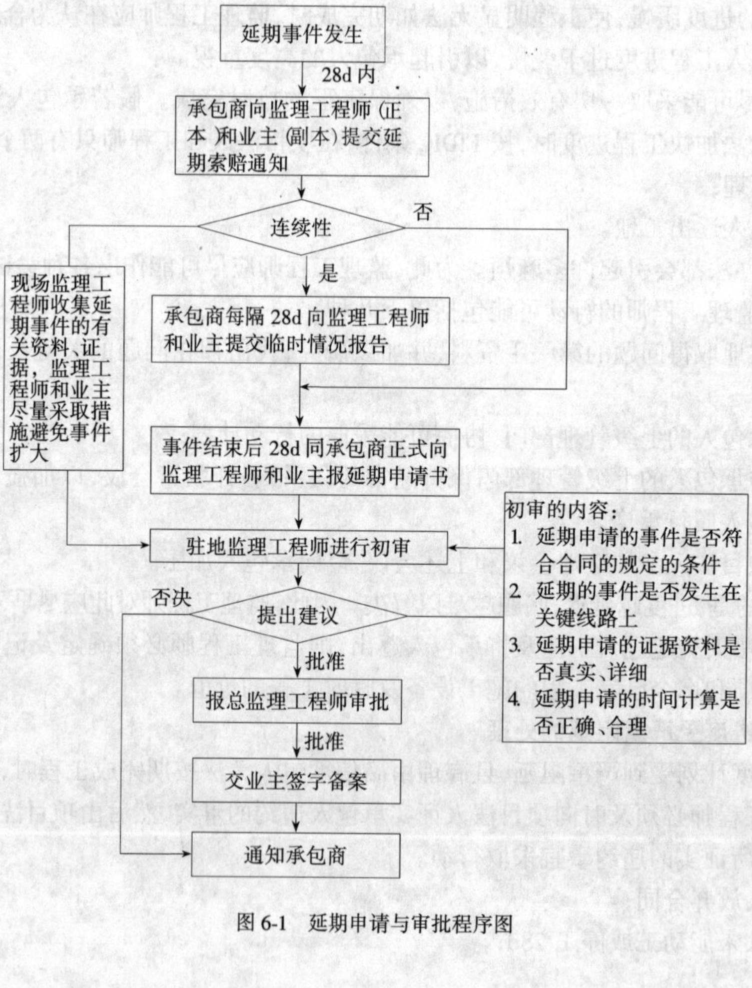

图6-1 延期申请与审批程序图

(一)承包人如何申请延期

根据 FIDIC 合同条款第 44.2 条规定,承包人在有理由延期完成工程或部分工程的情况(见 FIDIC 合同条款 44.1 条)下,应在发生此类事件的 28d 内,向监理工程师提出延期申请,并向项目法人递交延期申请的副本,才真正具有延期申请的资格。否则,监理工程师将不予考虑。这就是说除非承包人要求延期,否则监理工程师不必考虑延期。不过,作为监理工程师应站在公正的立场上,即使承包人未提出延期申请,监理工程师也有权给予延期(如延期是由项目法人造成的,而这种延误又肯定会影响整个工程的按期完成)。

承包人在递交了延期申请后,还应在 28d 内或监理工程师同意的其他时间内详细地列出认为有权要求延期的具体情况、证据、记录、网络进度计划图、工程照片等。

假如所发生的延期事件具有连续影响性,且承包人不能按 FIDIC 合同条款的第 44.2 所规定的 28d 内提交详细情况,则承包人应在以不超过 28d 的时间间隔向监理工程师和项目法人(副本)提交分阶段的情况报告,并在事件影响结束后的 28d 内提交最终的详细的情况报告(见 FIDIC 合同条款第 44.3 条)。以便监理工程师研究审批此事件的延期申请,作出延期决定。

(二)监理工程师批准延期申请

1. 审查的主要内容

监理工程师在收到承包人提交的延期申请后,应指示现场监理工程师及有关监理人员作好资料的记录,并检查监理组织内部有无影响工程延期的情况(如迟作测试,未及时处理承包人的有关来函等),然后对承包人的延期申请和详细的补充情况资料及证据进行细致的研究。主要应考虑的内容有:

(1)此延期事件是否符合合同规定的索赔条件,如前述的任何形式的额外或附加工程,天气异常恶劣等。

(2)延期事件是否会影响整个项目的按期完工;

(3)延期事件是否发生在施工进度计划中的关键线路上;

(4)延期申请所报的情况、证据、资料是否准确、符合实际等。

2. 延期审批期限

监理工程师对延期申请的批准时间一般是不受限制的,可以在事件发生后就审查批准,也可以采用事后追溯的办法批准,即在工程项目完成时才决定。但是,不论何种情况,监理工程师应在承包人提出延期申请后的合理时间内,作出何时审批的意见,并告知承包人。否则,可能引起承包人的误解。要注意由于监理工程师对延期申请未作答复,而被迫加快工程进度,进而要求支付加班费用和费用索赔。

对于事后追溯批准的办法,为了避免其他索赔的产生,监理工程师可以根据初审,与项目法人协商,给承包人一个暂定的延期时间。对于连续发生的延期事件、监理工程师可在承包人提交最后一次延期申请(即延期事件结束后 28d 内)以后进行批准。

3. 延期审批的关键

承包人的延期申请能够成立并获得批准的条件是:

(1)延期事件的发生是真实的,并有证据表明;

(2)延期事件产生的原因,是在承包人所承担的责任和风险之外,且符合合同规定的延期索赔条款;

(3)延期事件是发生在已批准的工程进度计划的关键线路上;

(4)承包人在 28d 内(或尽可能提前)向监理工程师提供了工期索赔的申请;

(5)计算正确、合理。

上述5条中,只有同时满足前4条,延期申请才能成立,至于时间的计算,监理工程师可以根据自己的记录资料,作出公正合理的计算。

(三)工期索赔所必须的证据

承包人根据合同规定的条款向监理工程师报送延期申请资料时,应注意尽可能地使所报送的资料和证据准确、完备,符合合同条款,有说服力,索赔的资料应包括下列内容:

1. 提出合同条款的法律论证部分,以证实自己提出索赔要求的法律依据。

2. 提出原合同协议工期应延长的时间数,以说明自己应获得的展延工期。

证据对索赔工作具有决定性的作用。单纯的一个文字叙述报告和亏损表,没有必须的证据,是肯定无效的。根据国际承包工程的经验,在施工过程中应始终做好资料的积累工作,建立完善的资料记录制度,认真系统地积累合同、施工进度、质量及财务收支资料。对于要发生索赔的一些工作项目,从准备向监理工程师提出索赔要求起,就要有目的地收集证据资料,寻找合同依据,系统地对工地现场拍照,妥善保管开支收据,有意识地为索赔文件积累所必要的证据。

3. 在工程索赔工作中,一般需要以下几个方面的资料。对某些特殊的索赔项目,除下述证据资料外,还要准备专门的证据。

(1)施工记录方面:

①施工日志;

②施工检查员的报告;

③逐月分项施工记要;

④施工工长的日报;

⑤每日工时记录;

⑥同监理工程师的往来通信及文件;

⑦施工进展及特殊问题的照片;

⑧会议记录或纪要;

⑨施工图纸;

⑩同监理工程师或项目法人的电话记录;

⑪投标时的施工进度计划;

⑫修正后的施工进度计划;

⑬施工质量检查记录;

⑭施工设备使用记录;

⑮施工材料使用记录;

⑯工地气候记录等。

(2)财务记录方面:

①施工进度款支付申请单;

②工人劳动记时卡;

③工人分布记录;

④工人工资单;

⑤材料、设备、配件等的采购单;

⑥付款收据;

⑦收款单据；

⑧标书中财务部分的章节；

⑨工地的施工预算；

⑩工地开支报告；

⑪会计日报表；

⑫会计总帐；

⑬批准的财务报告；

⑭会计来往信件及文件；

⑮通用货币汇率变化表。

上述的所有资料，承包人、监理工程师、项目法人都应经常地、系统地积累，以备索赔的急需。在报送索赔报告文件时，仅摘取直接论证的部分，并尽可能利用图表对比的方式，并附有关的照片，使其一目了然，有说服力。同时，要根据索赔内容，查找上述资料范围以外的证据。例如，在要求延长工期时，应补充气象、水文各类资料，进行对比，以论证自然条件对工期的严重影响等。索赔报告中包括的财务方面的证据资料，除索赔人的论证外，最好附有注册会计师或审计部门的审计报告，以证明财务方面证据的正确性。

二、工程延期的计算

延期索赔的工期计算是一项十分复杂的问题，目前也没有一定的数学计算公式，这主要是由于工程的的进展情况千变万化，错综复杂，具有单一性，不可重复性。因此，在延期索赔的工期计算中不可能千篇一律。本书主要介绍延期索赔计算的一些基本原则：

1. 延期的时间必须是影响到整个建设项目，而不是某一单体工程或某一分包单位所承包的工程。

例如，某承包人在航道整治中的防护墙施工时，在中间有一段土地未及时征用，项目法人与监理工程师为解决这个问题花费了30d的时间，承包人要求同意延期30d。但监理工程师在停工一天后，即指示承包人转移到另一个施工地点作业。承包人共有4个施工队，影响施工的仅1个队。对此问题现分析如下：

(1)停工的发生仅是承包人的一个施工队，不是整个承包人和整个建设项目，因此延期的工期不应是30d，如不考虑转移因素，延长的工期为$30 \div 4 \approx 8$(d)。

(2)停工发生后的一天，监理工程师即指示承包人转移到另一工作地点作业，而承包人也有转移的余地，对此，延长的工期应仅计算第一天的时间损失。加上承包人的这个施工队转移和返回现场的时间损失，假设转移和返回现场需6d时间，则可批准的延长工期为$(1+6) \div 4 \approx 2$(d)。

但以上延期的批准，其施工的项目应处于批准的施工进度计划中的关键线路上。

2. 延期的工程项目必须是现行的施工进度计划中的关键项目。

这是指在工程进展中，承包人的某些工程项目，虽然遇到合同条件规定可以申请延期的情况，但是，由于此工程项目不处于监理工程师批准的施工进度计划中的关键线路上。假如此事件所造成延误的时间不超过该工程项目的时差范围，也就是说没有转化为关键工作，成为新的关键线路，则此延期申请是不合理的，监理工程师应拒绝其延期。因此，在工程进展的所有时间里，都应始终有一个有效的和监理工程师批准的施工进度计划，否则，发生延期事件，将无法对照施工进度计划，监理工程师也就无法审批。

例如,某护岸工程网络计划如图 6-2,规定工期为 105d,施工过程中各工作持续时间有变,详见表 6-1,当该工程进行到接近规定工期时,承包人按法定程序提出了延期 30d 的要求,问监理工程师应批准延期几天?

(1)分析工作持续时间延长原因,统计非承包人原因造成的工作持续时间延长值,见表 6-1。表中,挖土机晚进场和材料不合格都属于承包商自身原因,不应统计进去。

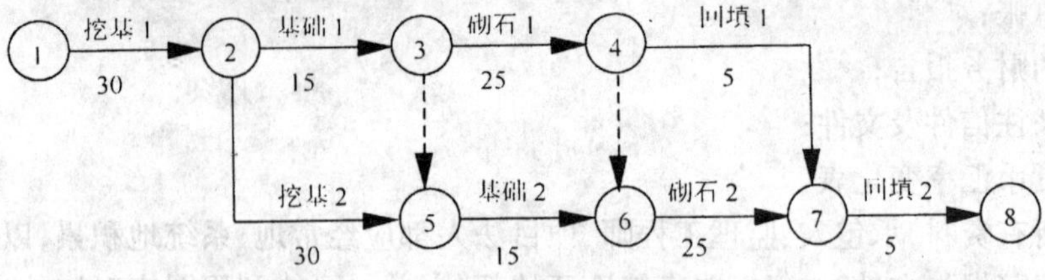

图 6-2　某护岸工程网络计划

工作持续时间延长值表　　　　表 6-1

工作代号	持续时间延长原因					
	挖机进场拖延	地质条件有变	意外下雨	材料不合格	业主原因	非承包人原因造成的总延长值
挖基 1	5	8	2			10
挖基 2		6	4		2	12
基础 1					4	4
基础 2				10		——
砌石 1						——
砌石 2			3			3
回填 1			3			3
回填 2					1	1

(2)考虑非承包人原因造成的工作持续时间延长值后,重新计算网络计划的工期为 131d。故应批准的工期应为 26d,而不是 30d。

在例中,26d 正好是关键线路上各项工作持续时延长值之和,($\Delta D_{挖1}+\Delta D_{挖2}+\Delta D_{砌2}+\Delta D_{填2}=10+12+3+1=26$)。若由于设计原因,引起基础 1 的持续时间延长了 20d,即非承包人原因造成的基础 1 的持续时间延长值为 24d。经计算,这时,网络计划工期应为 138d,则应批准的工期延长值为 33d。这时,33d 就不再是关键线路上各项工作持续时间延长值之和,因为该网络计划的关键线路已由①→②→⑤→⑥→⑦→⑧转化为①→②→③→④→⑥→⑦→⑧。

3．异常恶劣的气候条件不是简单地与平均、正常的天气作比较,而是要与一定时期(如 20 年)的统计资料及一定周期(如 5 年)会出现一次的异常情况进行比较。

这是由于承包人应按招标文件规定,进行现场自然条件和技术经济条件的调查,取得有关统计基础资料后才能投标报价,而天气异常恶劣情况,是指一个有经验的承包人也无法预料情况。

例如，某工地土方工程施工，承包人称遇到异常恶劣的天气情况，要求给予延期。承包人对延期申请的理由申述如下：

(1)投标时考虑了气候的影响，并以每月下雨不能施工的时间为6d作了估计。

(2)现在现场记录的每月下雨天数超过6d(雨天＝下雨逾10mm日子)。

(3)要求延期天数为每月雨天超过6d的数量。

实际、估计和预料之外的下雨天数如表6-2所示。

实际估计和预料之外雨天(d)统计表 表6-2

月	实际下雨天	估计下雨天	预料之外的下雨天
4	19	6	13
5	5	6	0
6	8	6	2
7	11	6	5

(4)根据上表分析，预料之外的下雨天数为20d，再考虑每一下雨天再加1/2d的等待时间，因此，要求延期的天数为20＋20÷2(等工地变干)＝30d。

监理工程师对此延期申请经分析后答复如下：

(1)按FIDIC条款第44条，原则上接受因恶劣天气影响的延期申请；

(2)但承包人延期天数的计算方式不能接受。

原因是：

(1)投标时对下雨的估计假设必须合理，也就是说，应以统计数据为基础；

(2)按FIDIC合同条件第44款说明的天气必须是异常恶劣。

因此，监理工程师认为应取20年的统计资料5年一遇的降雨天数为对比值。经调查统计，其5年一次出现的情况较差的下雨天数为4月份：12d；5月份：9d；6月份：7d；7月份：11d。因此，预料之外的下雨天数为4月份19－12＝7(d)；6月份：8－7＝1(d)，共有8d。同意承包人将这一预料之外的异常恶劣天气的天数加1/2d等待时间。最后，批准承包人的延期天数为8＋8÷2＝12(d)。

三、工程延期的控制

发生工程延期事件，不仅影响工程的进展，而且会给业主带来损失。因此，监理工程师应做好以下工作，以减少或避免工程延期事件的发生。

1．选择合适的时机下达工程开工令

监理工程师在下达工程开工令之前，应充分考虑业主的前期准备工作是否充分。特别是征地、折迁问题是否已解决，设计图纸能否及时提供，以及付款方面有无问题等，以避免由于上述问题缺乏准备而造成工程延期。

2．提醒业主履行施工承包合同中所规定的职责

在施工过程中，监理工程师应经常提醒业主履行自己的职责，提前做好施工场地及设计图纸的提供工作，并能及时支付工程进度款，以减少或避免由此而造成的工程延期。

3．妥善处理工程延期事件

当延期事件发生以后，监理工程师应根据合同规定进行妥善处理。既要尽量减少工程延

期时间及其损失，又要在详细调查研究的基础上合理批准工程延期时间。

此外，业主在施工过程中应尽量少干预、多协调，以避免由于业主的干扰和阻碍而导致延期事件的发生。

复习题

1.延期有哪些类型，对监理工程师而言，主要应对防止哪些类型的延期？

2.进度拖延的原因有哪些？按合同规定承包人有权提出工期索赔的理由有哪些？

3.如果工程进度缓慢，监理工程师可采取哪些措施督促承包人加快工程进度？

4.简述延期索赔的申请与审批程序。

5.审批延期申请的主要内容有哪些？

6.延期申请能够成立的条件有哪些？

7.某工程双代号网络计划如图6-3所示。在施工过程中发现，工作 B 由于承包单位盲目施工，结果造成返工，致使该工作拖延5d。工作 C 和 E 由于不可抗力分别拖延5d和2d，工作 G 因业主供应的材料未及时运到，致使该工作拖延7d。结果，承包单位提出要求延长工期10d。试分析此问题，应允许承包单位延长工期几天？

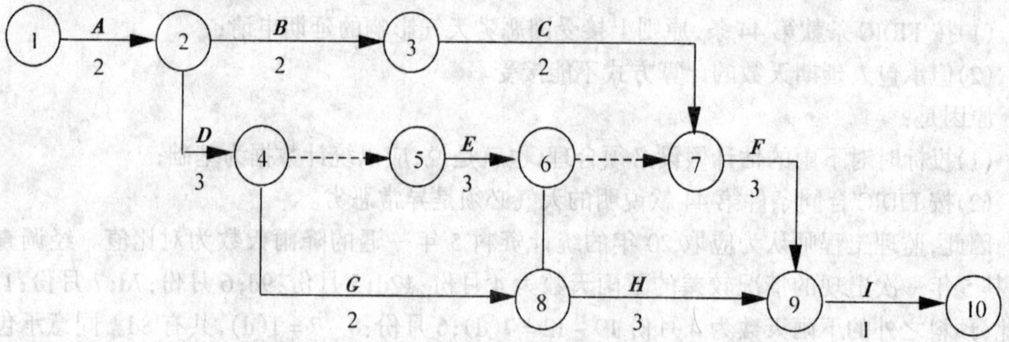

图6-3 某工程双代号网络计划

参 考 文 献

1 中华人民共和国国家标准网络计划技术.GB/T 13400.1～13400.3-92.北京:中国标准出版社,1992

2 中华人民共和国交通部.水运工程施工监理规范.北京:人民交通出版社,2001

3 林延江,朱光熙,孙锡衡等.水利土木工程系统分析方法.北京:水利电力出版社,1983

4 江景波.网络计划技术.北京:冶金工业出版社,1983

5 周国强,林少培.工程项目管理的计算机方法.上海:上海交通大学出版社,1990

6 北京统筹法研究会.统筹法与施工计划管理.北京:中国建筑工业出版社,1984

7 中国冶金建设管理协会.网络计划技术及其应用.北京:冶金工业出版社,1990

8 H.N.阿天加.网络法施工管理.北京:中国建筑工业出版社,1987

9 Jerome D. Wiest. A Management Guide to PERT/CPM. Prentice-Hall INC. 1977

10 Gary E. Whitehouse. Systems Analysis and Design using Network Techniques, Prentice-Hall, INC, Englewood CLIHS. 1973

11 孙锡衡,高拥民等.建设工程项目监理实务.北京:水利电力出版社,1995

12 熊广忠.工程建设监理实用手册.北京:中国建筑工业出版社,1999

参考文献

1 中华人民共和国国家标准 [illegible] GB/T 13400 [illegible] —92 [illegible] 中国标准出版社, 1992
2 [illegible] 2001
3 [illegible] 1985
4 [illegible] 1983
5 [illegible] 1990
6 [illegible]
7 [illegible] 1990
8 [illegible]
9 [illegible] A Management Guide to PERT/CPM. Prentice-Hall INC., 1977
10 [illegible] Systems Analysis and Design using Network Techniques. Prentice Hall, INC., Englewood Cliffs, 1973
11 [illegible]
12 [illegible]